土木工程制图习题集

主　编　宋　琦　赵景伟
副主编　高丽燕　於　辉　刘　平　魏秀婷

中国建材工业出版社

图书在版编目（CIP）数据

土木工程制图习题集/宋琦，赵景伟主编．—北京：中国建材工业出版社，2006.8（2013.7 重印）
ISBN 978-7-80227-097-8

Ⅰ．土…　Ⅱ．①宋…　②赵…　Ⅲ．土木工程—建筑制图—高等学校—习题　Ⅳ．TU204-44

中国版本图书馆 CIP 数据核字（2006）第 071295 号

内 容 简 介

本书与赵景伟、宋琦主编的《土木工程制图》教材配合使用，目录章节与教材的章节相对应。内容涉及绘图的基本知识、建筑施工图、结构施工图、设备施工图、路桥施工图、机械图。教师可根据教学要求和课时要求灵活安排作业。

土木工程制图习题集
宋琦　赵景伟　主编
出版发行：中国建材工业出版社
地　　址：北京市西城区车公庄大街 6 号
邮　　编：100044
经　　销：全国各地新华书店
印　　刷：北京雁林吉兆印刷有限公司
开　　本：787mm×1092mm　横 1/8
印　　张：16.5
字　　数：203 千字
版　　次：2006 年 8 月第 1 版
印　　次：2013 年 7 月第 2 次
定　　价：38.00 元

本社网址：www.jccbs.com.cn
本书如出现印装质量问题，由我社发行部负责调换。联系电话：(010)88386906

前　言

本习题集与中国建材工业出版社出版的、由赵景伟、宋琦主编的《土木工程制图》教材配套使用。目录的章节与教材的章节相对应。

《土木工程制图》是一本实践性很强的教科书，对于初学者来说，有一定的难度。习题和绘图作业是本课程实践性教学环节的重要内容，很多在课堂教学中能理解和掌握的基础理论和基本知识，若不通过实践和训练，便得不到消化和巩固。

本习题集配合教材，内容编排上由浅入深、循序渐进，使初学者能逐渐学会运用基础理论和基本知识处理实际问题，逐步提高绘图和读图能力。

本习题集的主要内容有：建筑制图的基本知识、投影的基本知识、点线面的投影、换面法、曲线与曲面、基本形体的投影及立体的截交线与相贯线、组合体的投影图、轴测投影、房屋建筑的图样画法、建筑施工图、结构施工图、设备施工图、路桥工程图、机械图。任课教师可根据大纲要求，在满足教学基本要求的前提下，按照所学内容和学时安排选择习题与绘图作业供学生练习。

本习题集中的习题用铅笔完成（需要上墨的作业由教师指定）。习题中的字体和图线应按国标要求书写和绘制，各种作图应清晰准确。绘图作业中的线型和线宽应按照作业要求绘制或由教师指定。

本书由青岛理工大学宋琦、山东科技大学赵景伟担任主编，青岛理工大学高丽燕、於辉、刘平和山东科技大学魏秀婷担任副主编。本书由宋琦统稿，参加编写和绘图整理工作的还有张琳、杨月英、马晓丽、张效伟、莫正波、张学秀。

本书在编写工作中参考了大量的有关著作，在此对这些编著者表示衷心的感谢！书中有不当之处，敬请广大同仁和读者批评指正。

编　者

2006 年 6 月

发展出版传媒　服务经济建设

传播科技进步　满足社会需求

编辑部 010-68343948

图书广告 010-68361706

出版咨询 010-68343948

图书销售 010-68001605

jccbs@hotmail.com　www.jccbs.com.cn

目　录

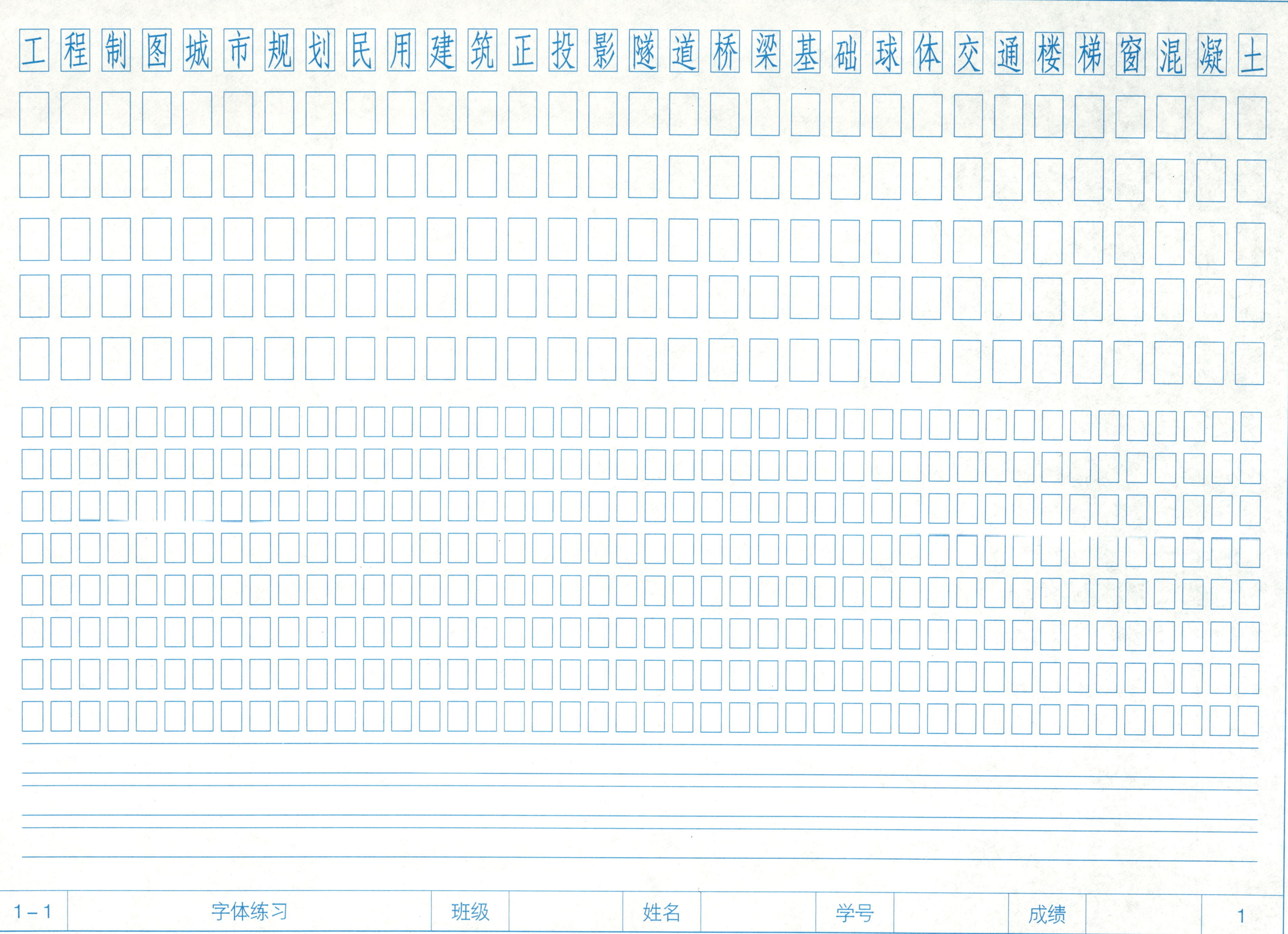

工程制图城市规划民用建筑正投影隧道桥梁基础球体交通楼梯窗混凝土

1－1	字体练习	班级		姓名		学号		成绩		1

作业要求：

1. 在A3图纸上，用1:1比例，铅笔抄绘所给图样。
2. 正确使用绘图工具和仪器，所绘图形线型分明，尺寸标注正确。
3. 标题栏中“线型练习”及校名用10号字，其余文字用7号字，要求先打好格子再书写。
4. 图中数字字高宜为3.5～5mm，粗线宽 b = 0.7～0.9mm。

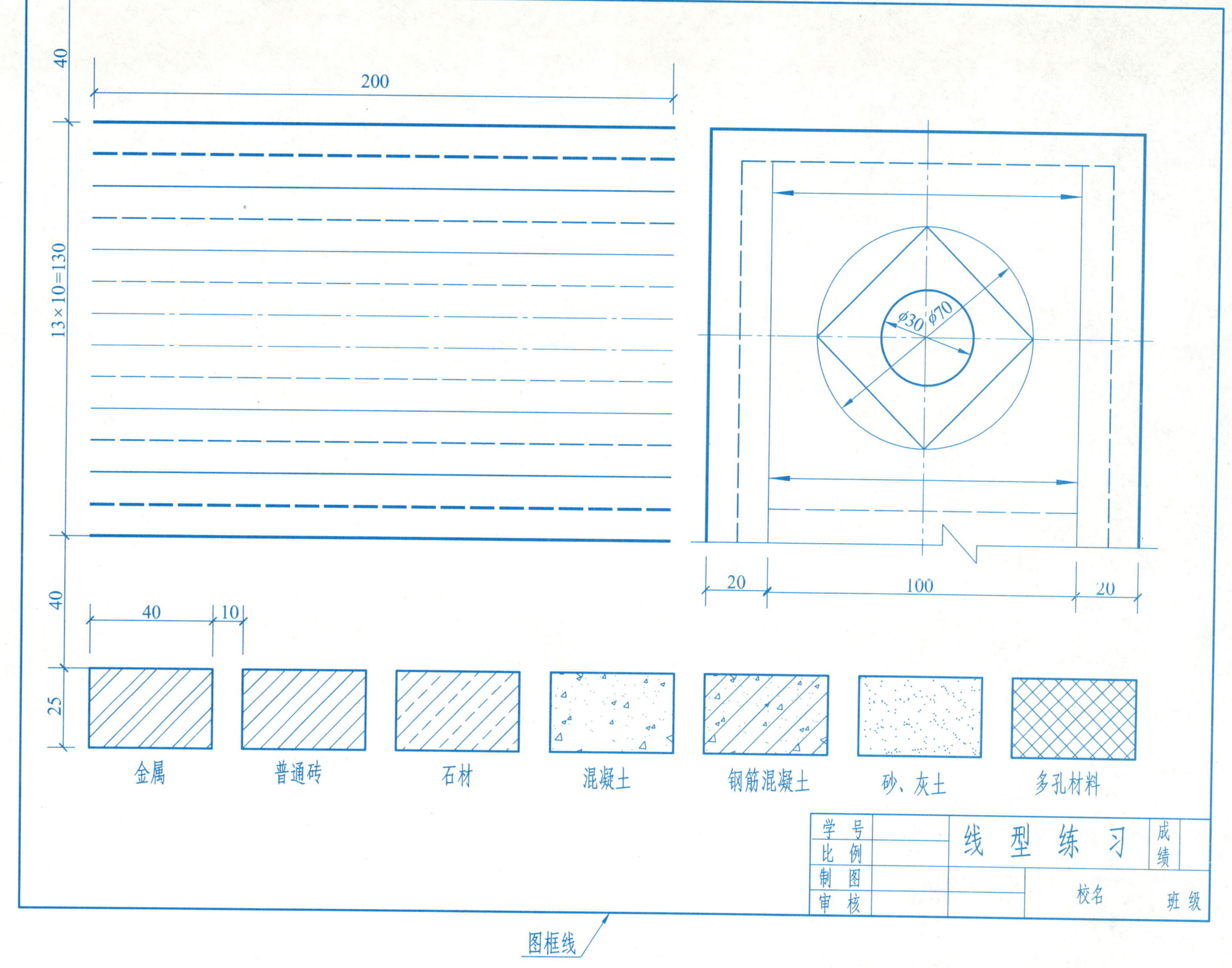

作业要求：

1. 用 A3 幅面、1:2 的比例，铅笔抄绘虎头钩，1:1 的比例抄绘另外两个图形。

2. 要求线型分明，尺寸标注正确，线段之间的连接光滑准确。

3. 标题栏由教师指定，图中仅为参考。

4. 图名汉字用 10 号字；标题栏中“几何作图”用 10 号字，其余用 5 号或 7 号字，先打好格子再书写。

5. 图中数字字高宜为 3.5～5mm，粗线宽 b = 0.7～0.9mm。

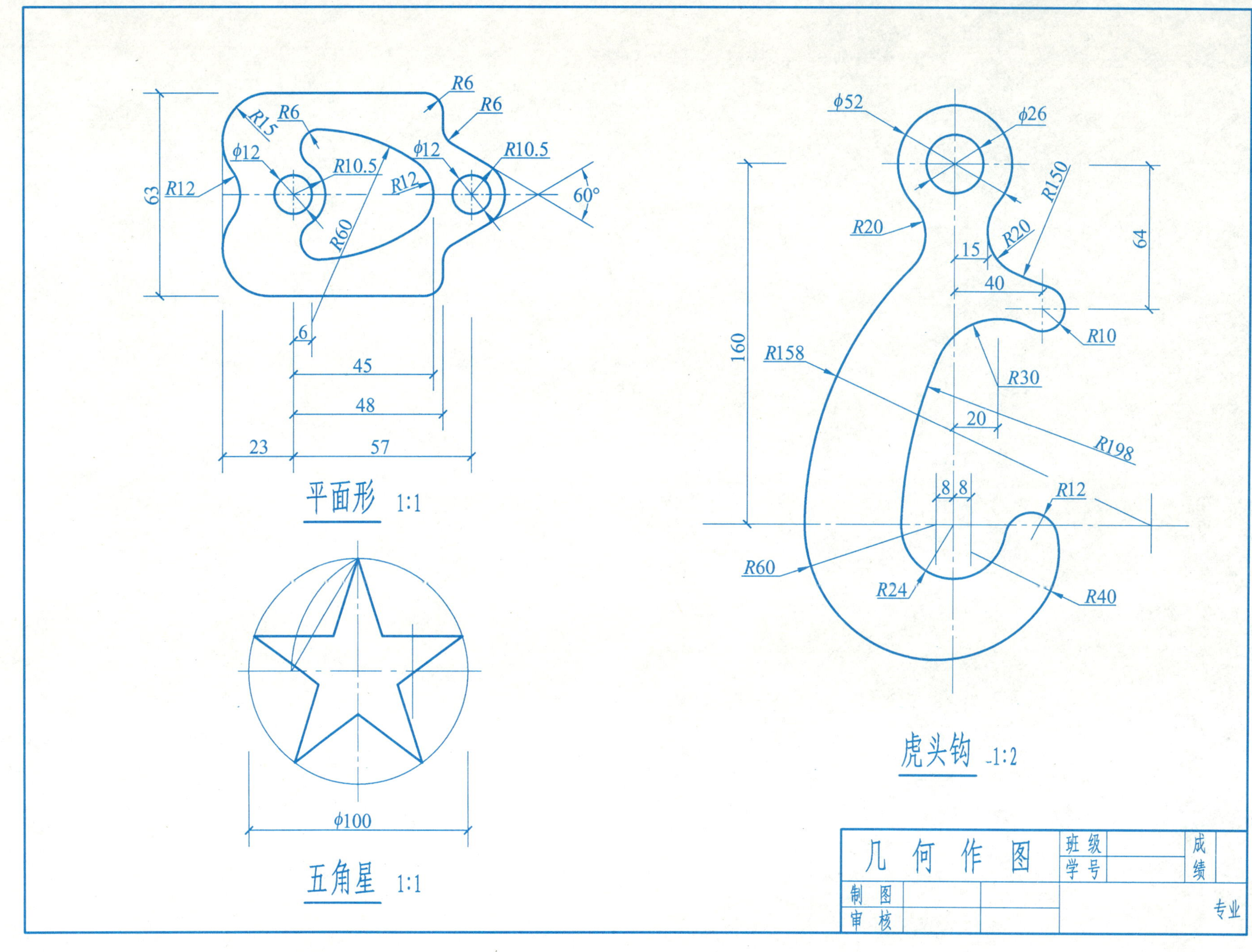

1－3	几何作图	班级		姓名		学号		成绩		3

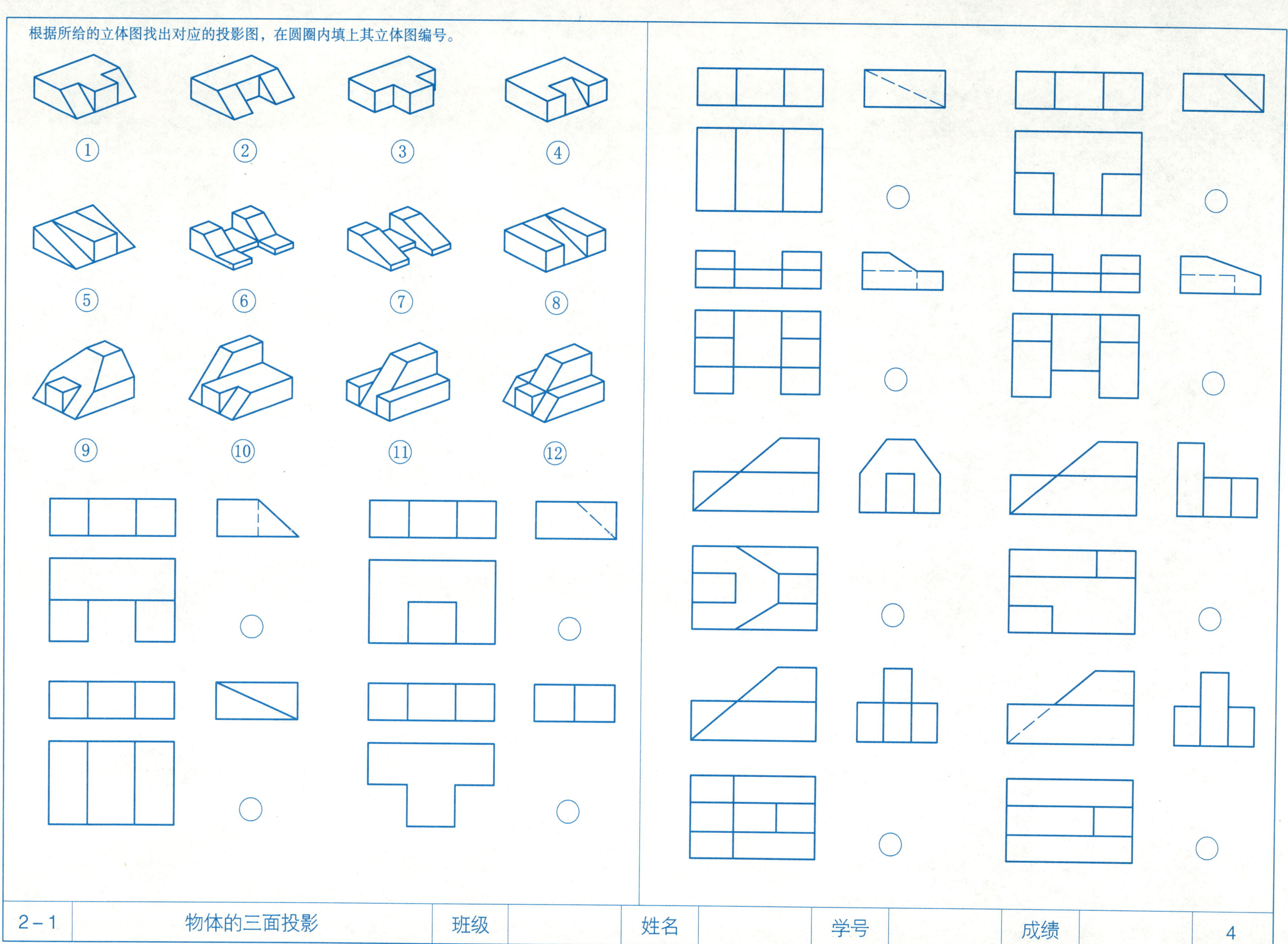
根据所给的立体图找出对应的投影图，在圆圈内填上其立体图编号。
①
②
③
④
⑤
⑥
⑦
⑧
⑨
⑩
⑪
⑫

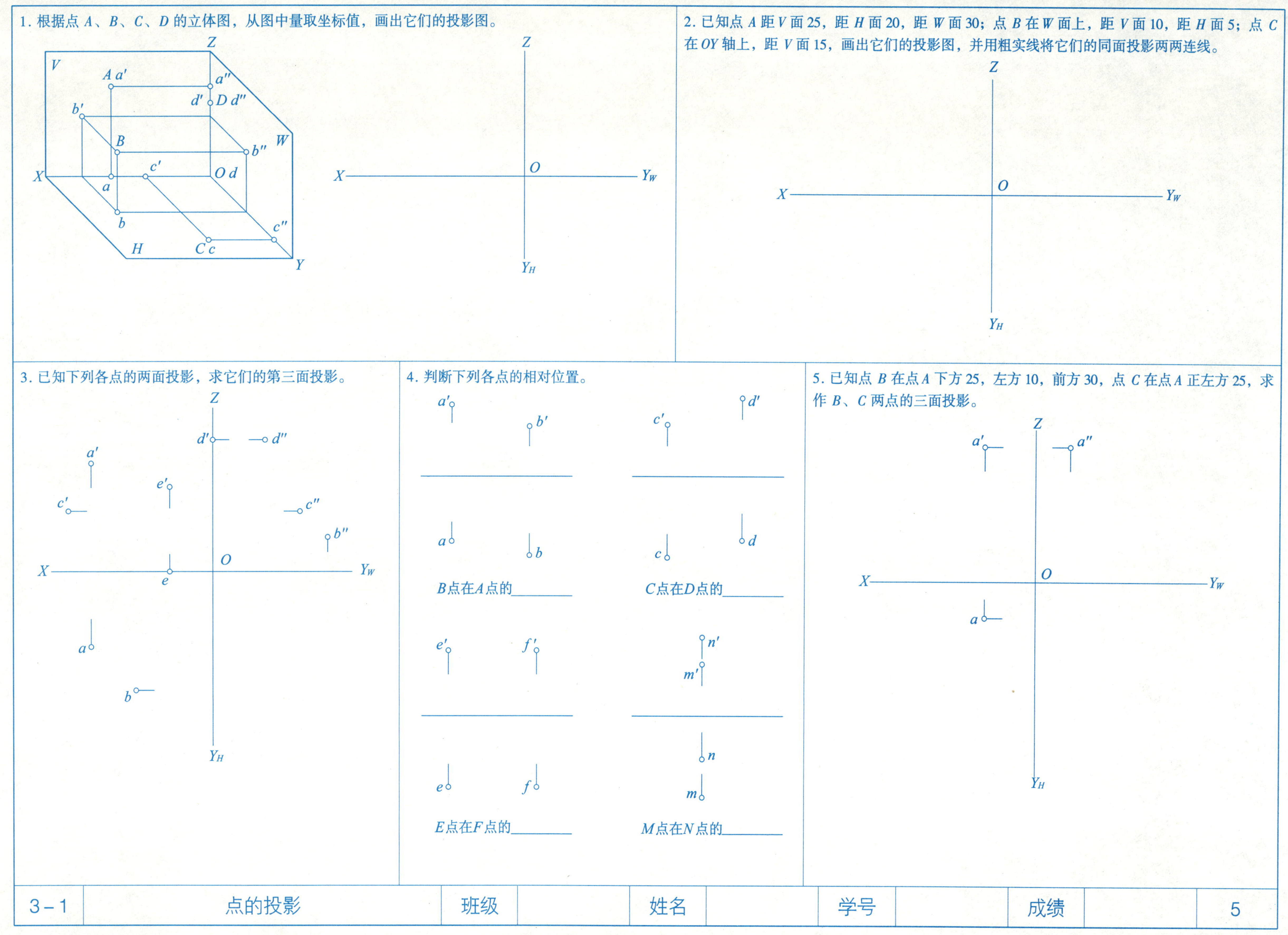
1. 根据点 A、B、C、D 的立体图，从图中量取坐标值，画出它们的投影图。
2. 已知点 A 距 V 面 25，距 H 面 20，距 W 面 30；点 B 在 W 面上，距 V 面 10，距 H 面 5；点 C 在 OY 轴上，距 V 面 15，画出它们的投影图，并用粗实线将它们的同面投影两两连线。
3. 已知下列各点的两面投影，求它们的第三面投影。
4. 判断下列各点的相对位置。
B点在A点的________
C点在D点的________
E点在F点的________
M点在N点的________
5. 已知点 B 在点 A 下方 25，左方 10，前方 30，点 C 在点 A 正左方 25，求作 B、C 两点的三面投影。
3－1
点的投影
班级
姓名
学号
成绩
5

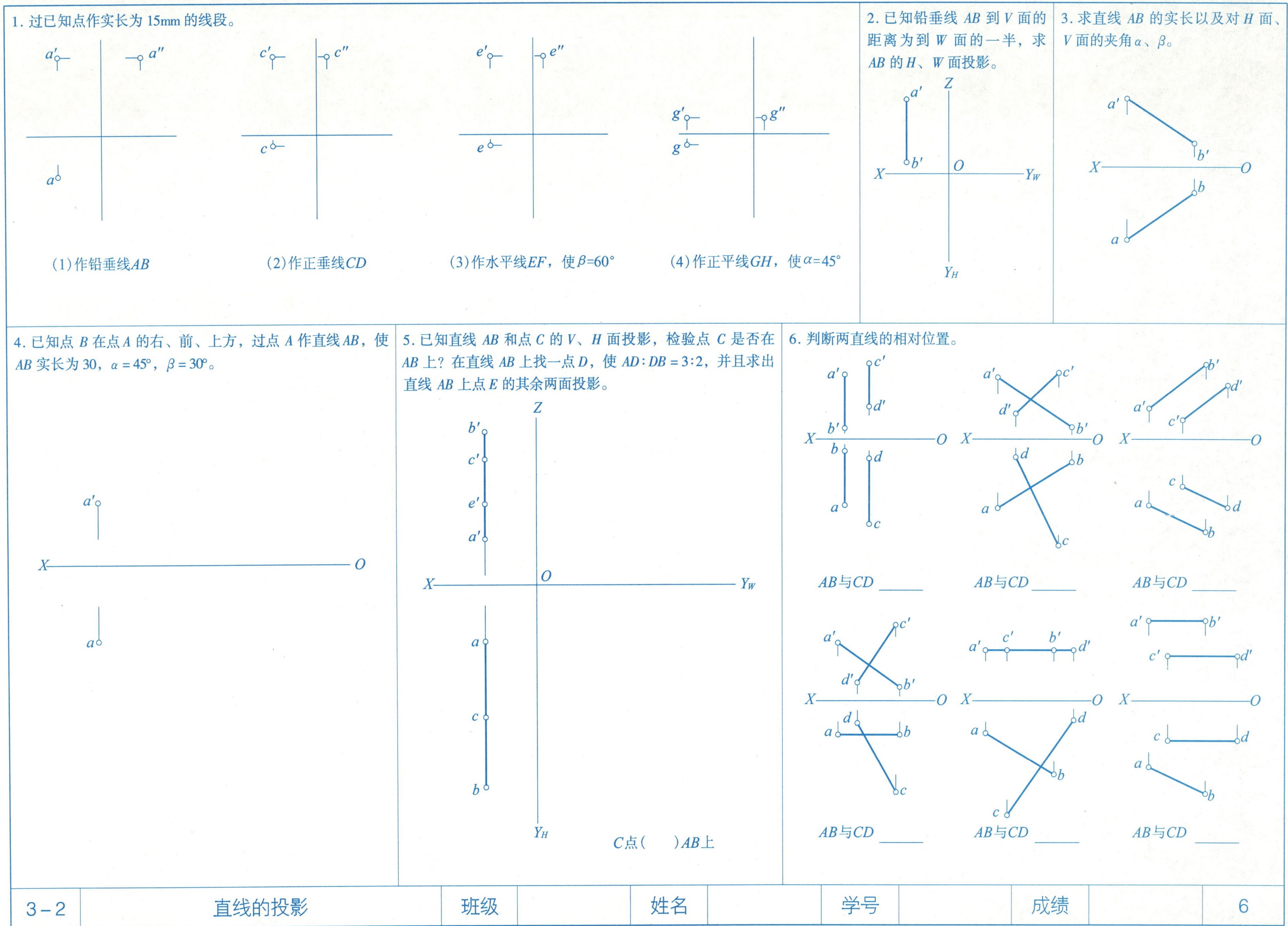
1. 过已知点作实长为 15mm 的线段。
(1)作铅垂线AB
(2)作正垂线CD
(3)作水平线EF，使β=60°
(4)作正平线GH，使α=45°
2. 已知铅垂线 AB 到 V 面的距离为到 W 面的一半，求 AB 的 H、W 面投影。
3. 求直线 AB 的实长以及对 H 面、V 面的夹角α、β。
4. 已知点 B 在点 A 的右、前、上方，过点 A 作直线 AB，使 AB 实长为 30，α = 45°，β = 30°。
5. 已知直线 AB 和点 C 的 V、H 面投影，检验点 C 是否在 AB 上？在直线 AB 上找一点 D，使 AD∶DB = 3∶2，并且求出直线 AB 上点 E 的其余两面投影。
C点(　　)AB上
6. 判断两直线的相对位置。
AB与CD ______
AB与CD ______
AB与CD ______
AB与CD ______
AB与CD ______
AB与CD ______
3－2
直线的投影
班级
姓名
学号
成绩
6

7. 过点 C 作直线 AB 的平行线 CD，AB 与 CD 指向相同，直线 CD 的实长为 25mm，完成直线 CD 的三面投影。

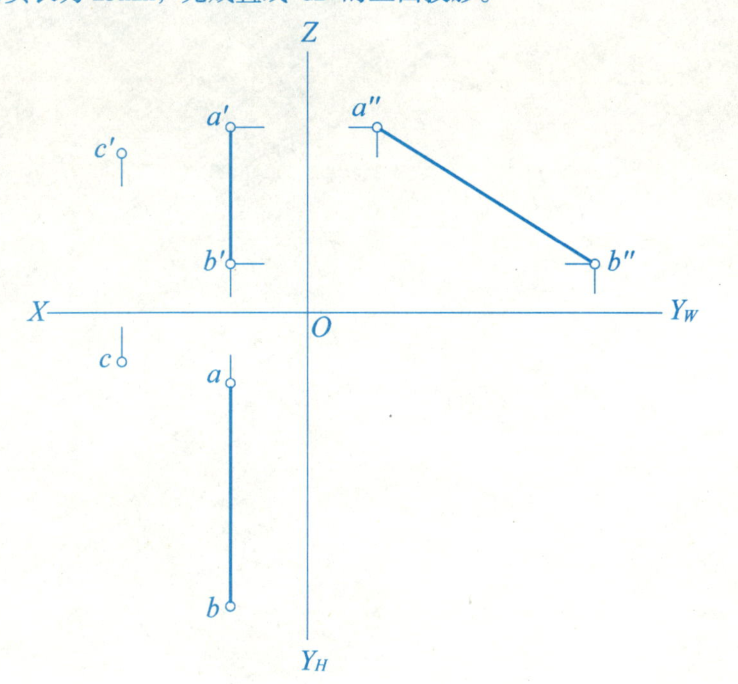

8. 过点 E 作直线 AB 的平行线 EF，EF 与 CD 是否相交？

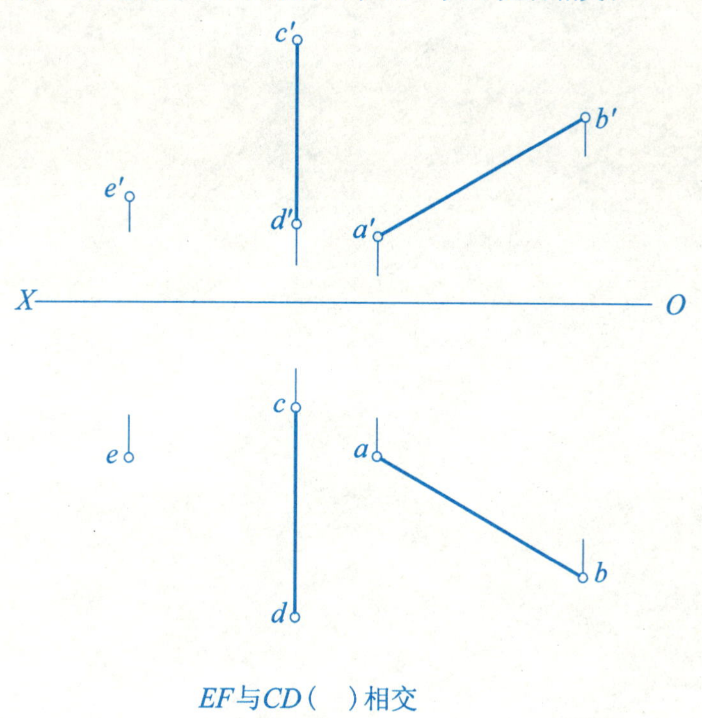

EF与CD（ ）相交

9. 已知两交叉直线 AB 和 CD 的两面投影，求它们的第三面投影，并且标明重影点的可见性。

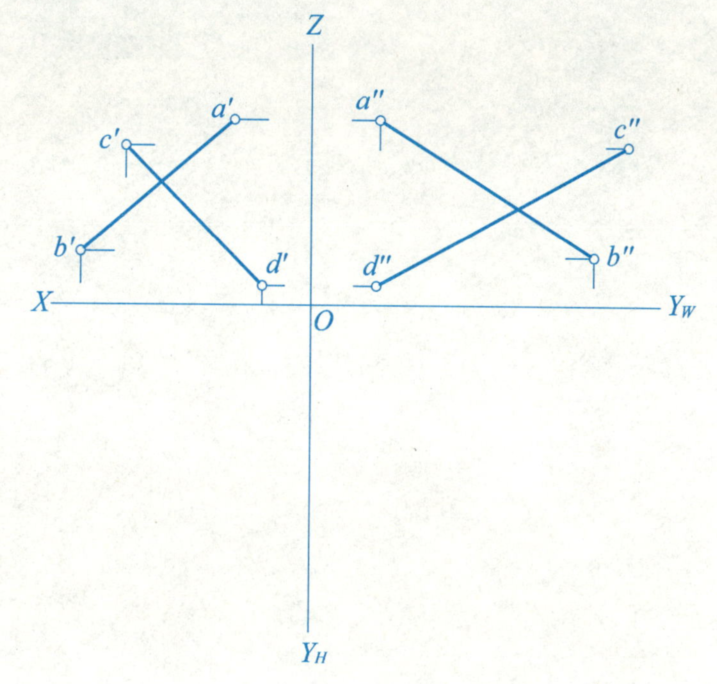

10. 求两交叉直线 AB、CD 的公垂线 EF。

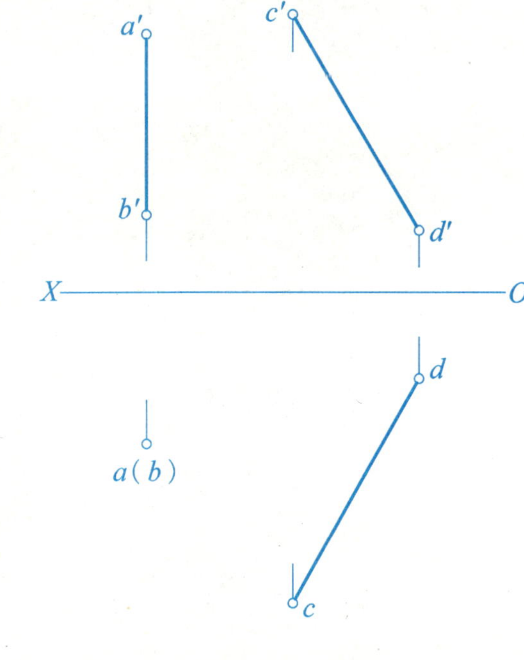

11. 完成矩形 $ABCD$ 的两面投影。

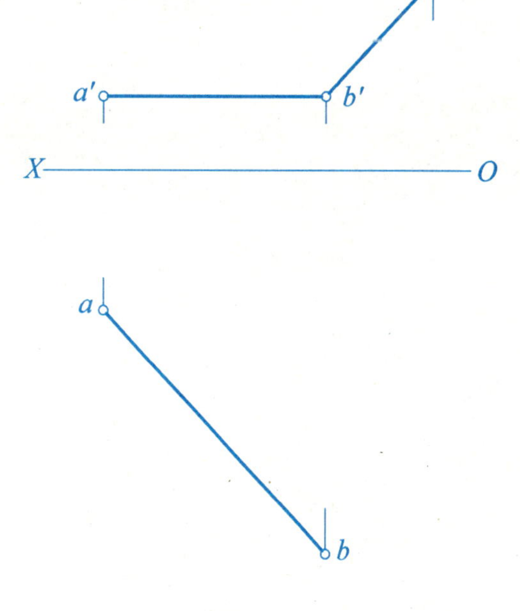

12. 完成矩形 $ABCD$ 的两面投影，顶点 C 在 EF 上。

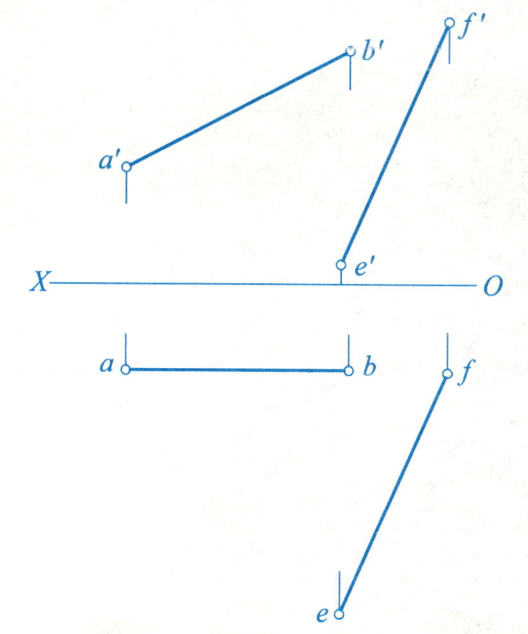

13. 作一直线 MN 与已知直线 AB、CD 相交，且平行于直线 EF。

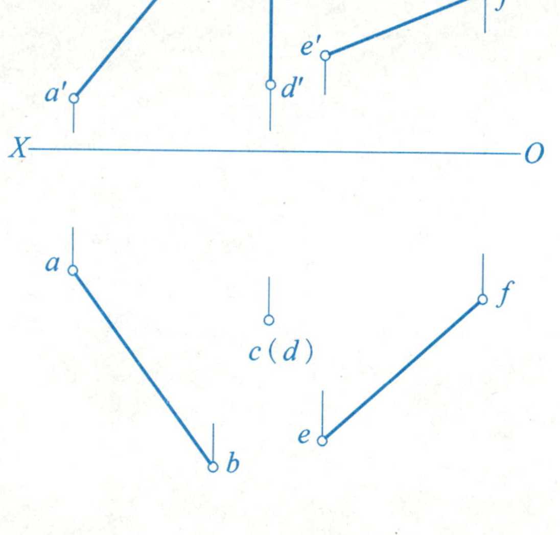

1. 作出平面的第三投影，并判别各平面在投影体系中的位置。

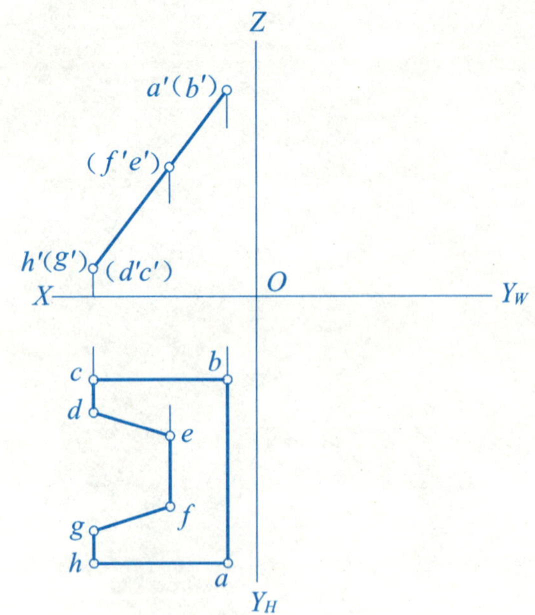

平面图形是______面

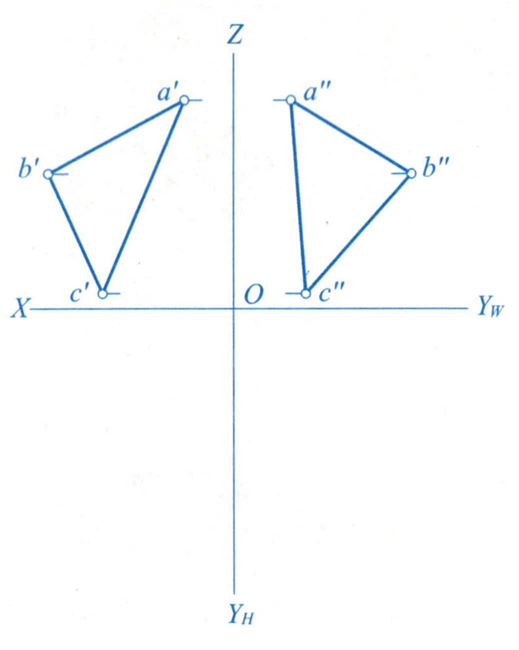

平面图形是______面

2. 在△*ABC* 上求一点 *D*，使点 *D* 比点 *A* 低 10mm、前 10mm。

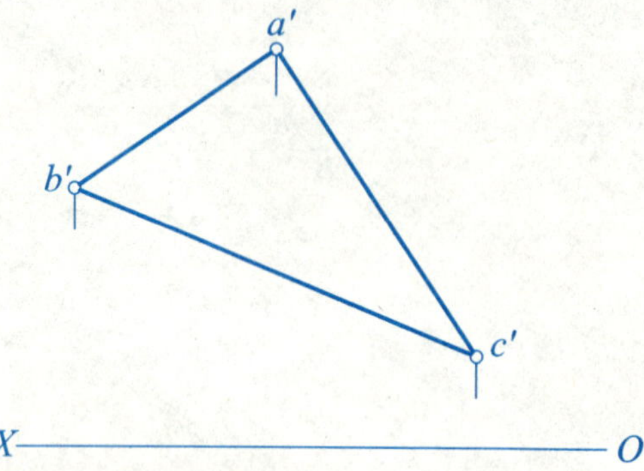

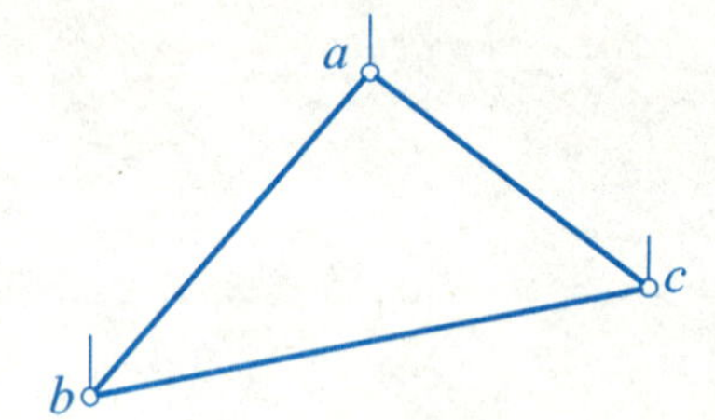

3. 补全平面图形的 *H* 面投影。

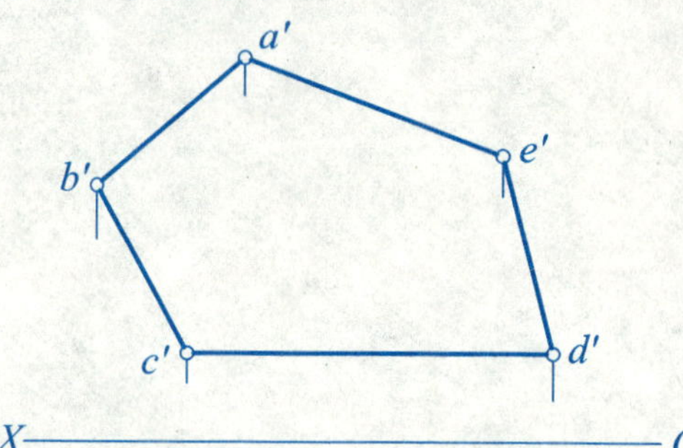

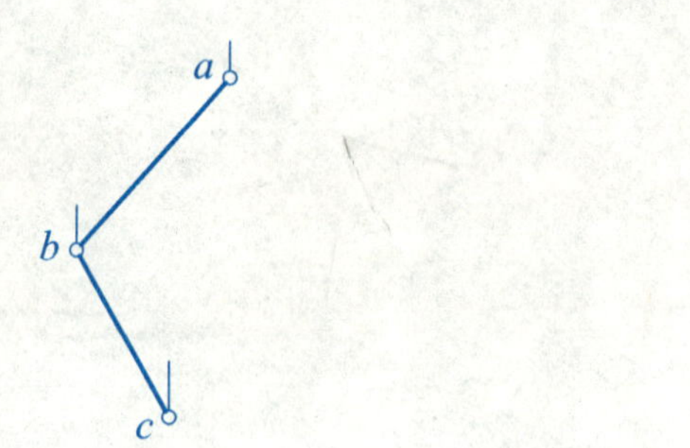

4. 求平面上点 *D* 的 *H* 面投影。

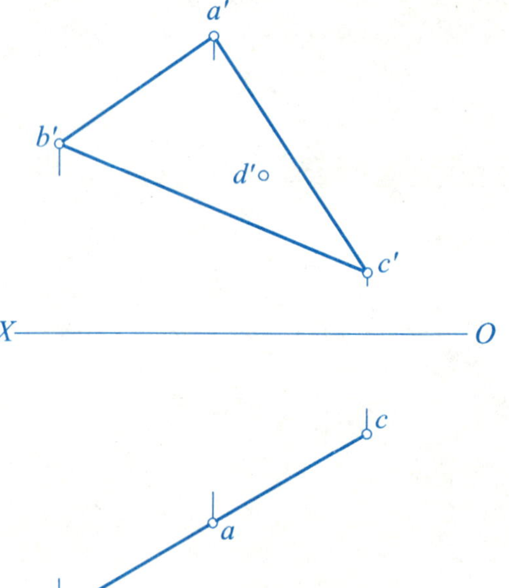

5. 求平面 *PQRS* 上△*ABC* 的 *H* 面投影。

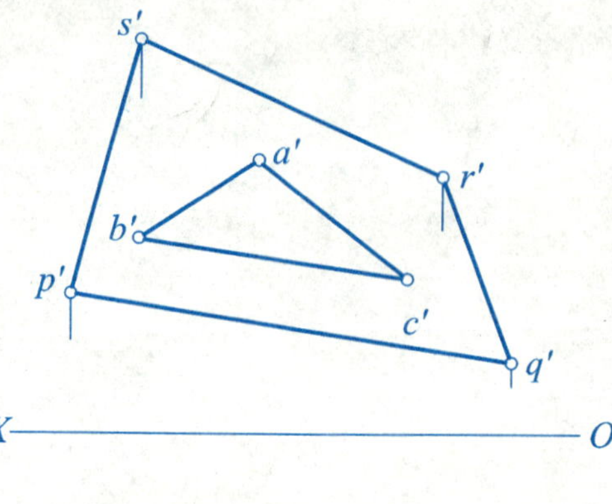

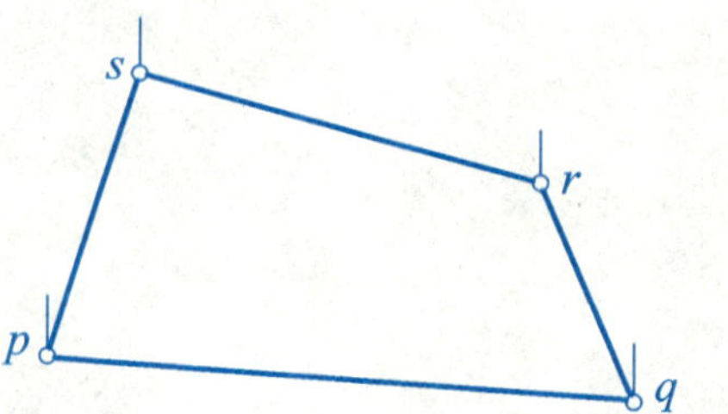

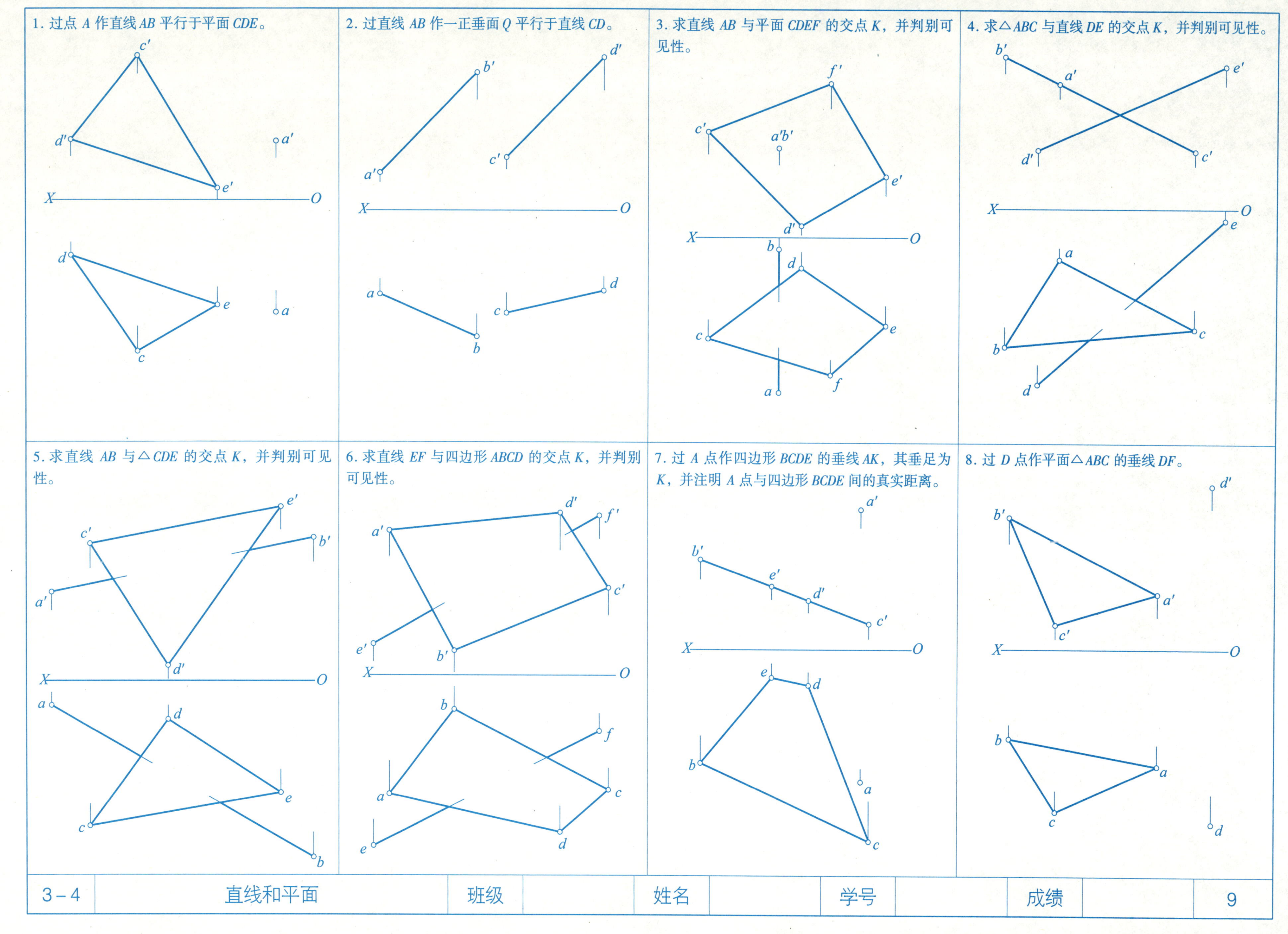
1. 过点 A 作直线 AB 平行于平面 CDE。
2. 过直线 AB 作一正垂面 Q 平行于直线 CD。
3. 求直线 AB 与平面 CDEF 的交点 K，并判别可见性。
4. 求△ABC 与直线 DE 的交点 K，并判别可见性。
5. 求直线 AB 与△CDE 的交点 K，并判别可见性。
6. 求直线 EF 与四边形 ABCD 的交点 K，并判别可见性。
7. 过 A 点作四边形 BCDE 的垂线 AK，其垂足为 K，并注明 A 点与四边形 BCDE 间的真实距离。
8. 过 D 点作平面△ABC 的垂线 DF。
X
O
3-4
直线和平面
班级
姓名
学号
成绩
9

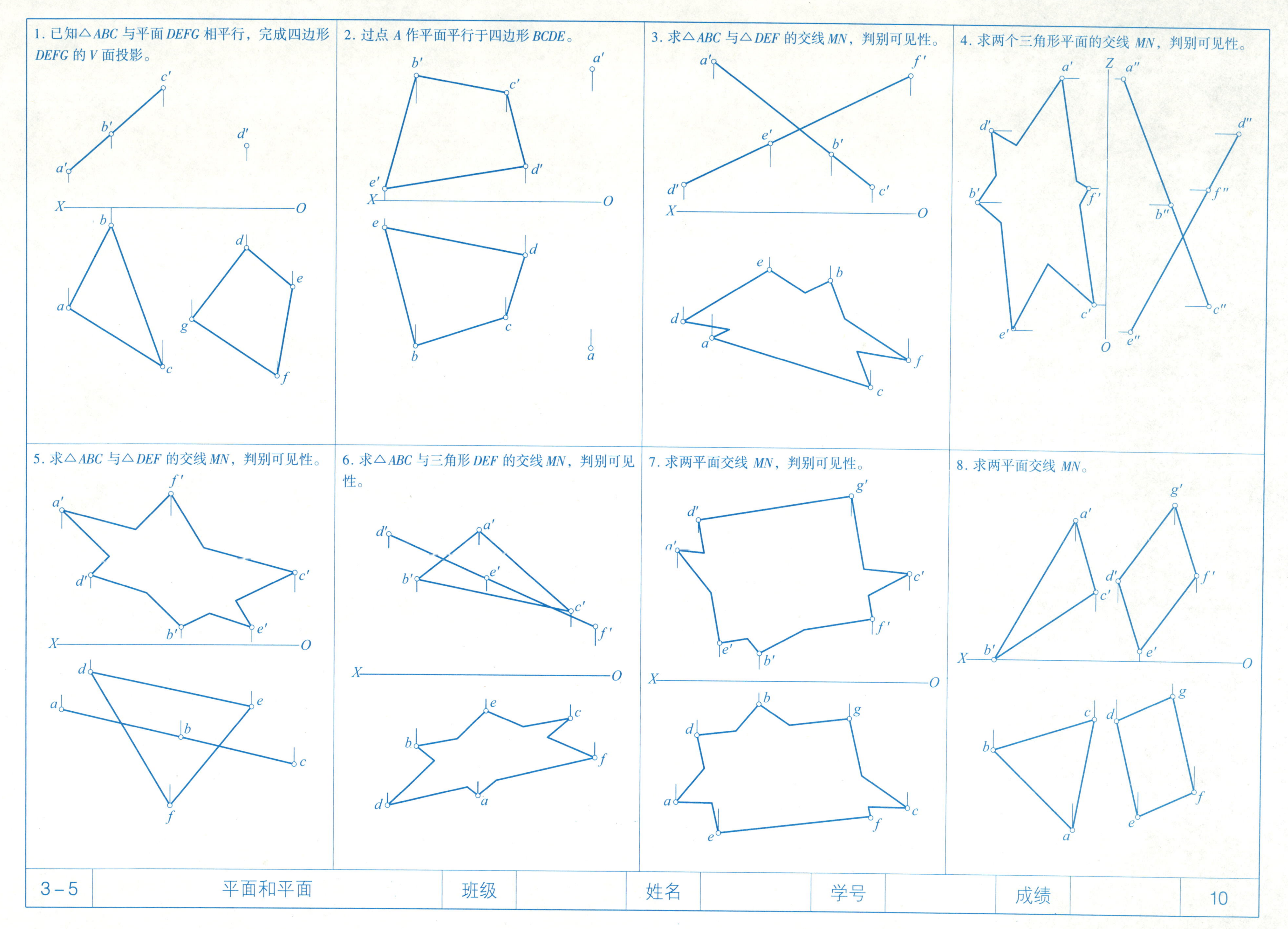
1. 已知△ABC 与平面 DEFG 相平行，完成四边形 DEFG 的 V 面投影。
2. 过点 A 作平面平行于四边形 BCDE。
3. 求△ABC 与△DEF 的交线 MN，判别可见性。
4. 求两个三角形平面的交线 MN，判别可见性。
5. 求△ABC 与△DEF 的交线 MN，判别可见性。
6. 求△ABC 与三角形 DEF 的交线 MN，判别可见性。
7. 求两平面交线 MN，判别可见性。
8. 求两平面交线 MN。
3-5
平面和平面
班级
姓名
学号
成绩
10

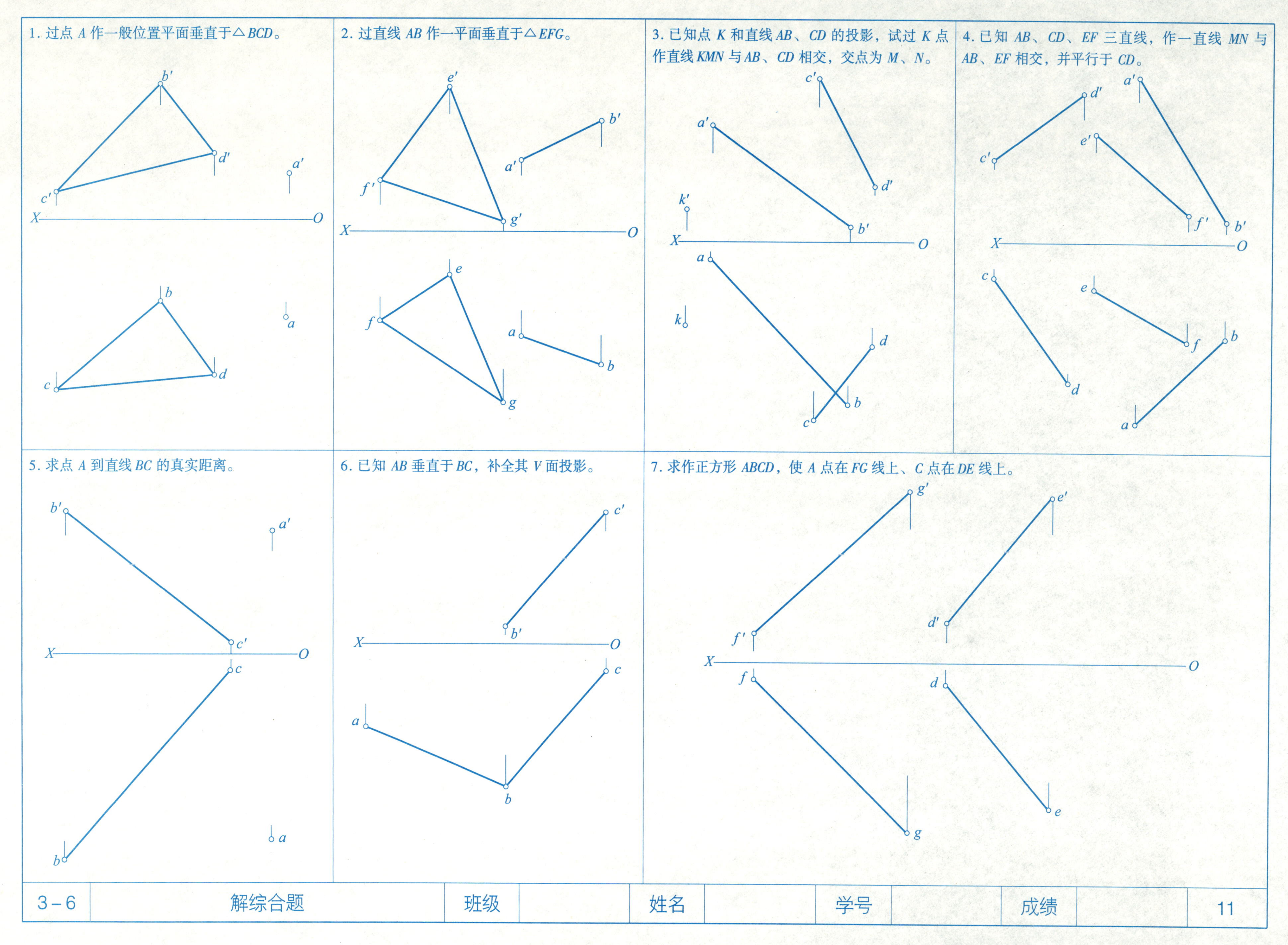
1. 过点 A 作一般位置平面垂直于△BCD。
b′
d′
a′
c′
X
O
b
a
d
c
2. 过直线 AB 作一平面垂直于△EFG。
e′
b′
a′
f′
g′
X
O
e
f
a
b
g
3. 已知点 K 和直线 AB、CD 的投影，试过 K 点作直线 KMN 与 AB、CD 相交，交点为 M、N。
c′
a′
d′
k′
b′
X
O
a
k
d
b
c
4. 已知 AB、CD、EF 三直线，作一直线 MN 与 AB、EF 相交，并平行于 CD。
a′
d′
e′
c′
f′
b′
X
O
c
e
f
b
d
a
5. 求点 A 到直线 BC 的真实距离。
b′
a′
c′
X
O
c
a
b
6. 已知 AB 垂直于 BC，补全其 V 面投影。
c′
b′
X
O
c
a
b
7. 求作正方形 ABCD，使 A 点在 FG 线上、C 点在 DE 线上。
g′
e′
d′
f′
X
O
f
d
e
g
3-6
解综合题
班级
姓名
学号
成绩
11

1. 用换面法求出直线 *AB* 的实长以及与 *V* 面的倾角 β。

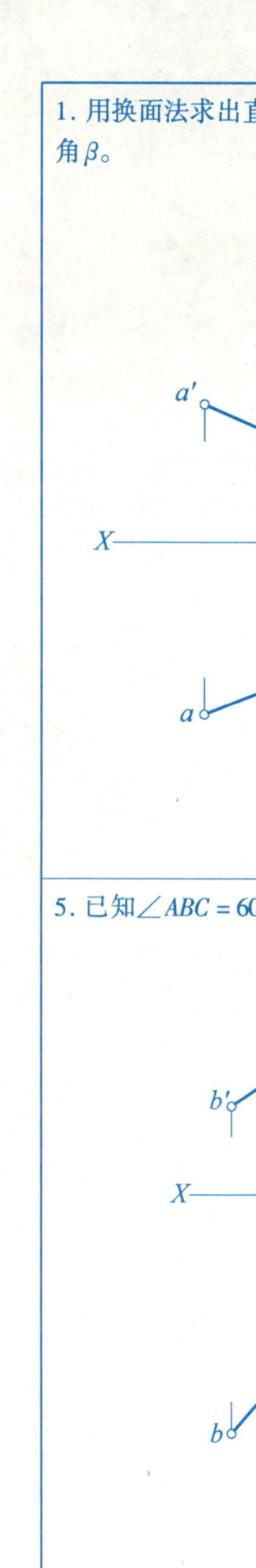

2. 用换面法求平面 *ABCD* 对 *H* 面的倾角 α。

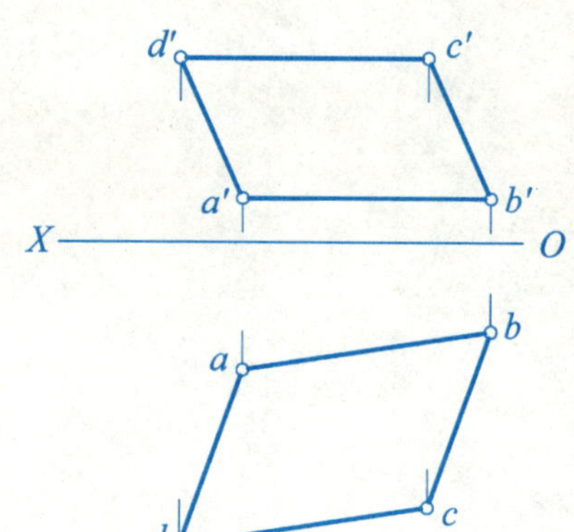

3. 已知直线 *AB* 与 *CD* 垂直相交，求 *AB* 的 *V* 面投影。

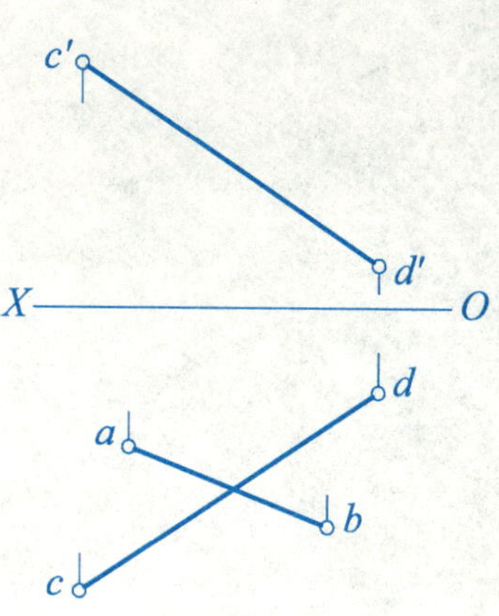

4. 在 *CD* 上求点 *K*，使点 *K* 到 *AB* 的距离等于 15。

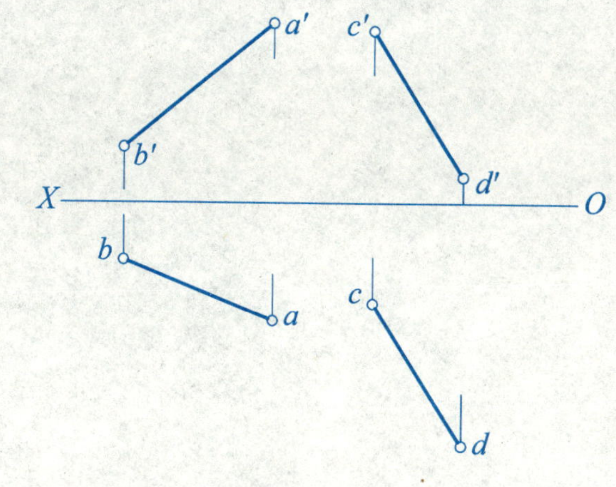

5. 已知∠*ABC* = 60°，求 *BC* 的 *V* 面投影。

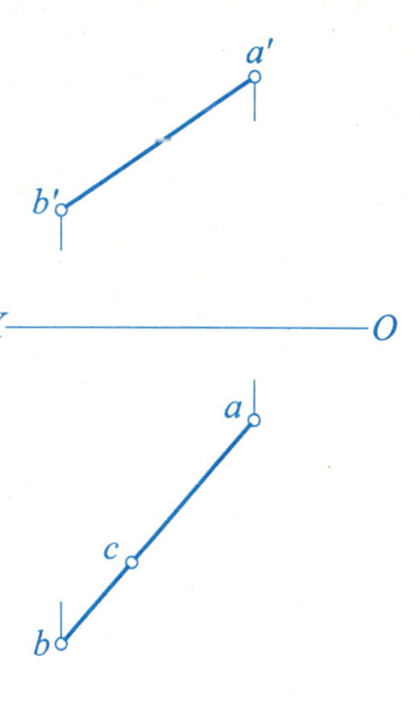

6. 已知直线 *DE* 平行于△*ABC*，且距该平面 15mm，求直线 *DE* 的 *H* 面投影。

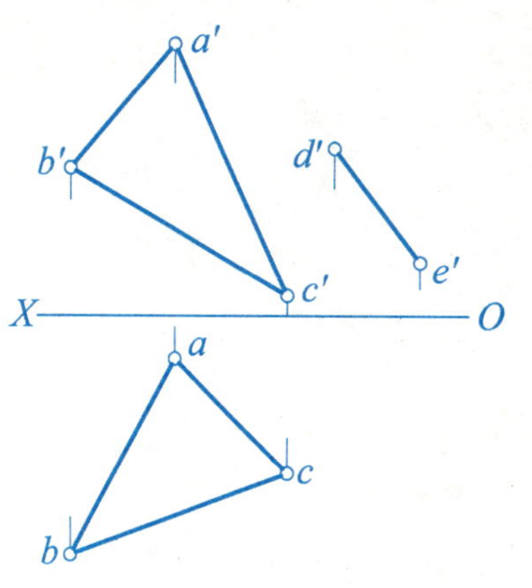

7. 已知等边△*ABC* 的一边 *BC* 的两面投影，△*ABC* 与 *H* 面的倾角 α 为 30°，顶点 *A* 在 *BC* 的前上方，用换面法完成△*ABC* 的两面投影。

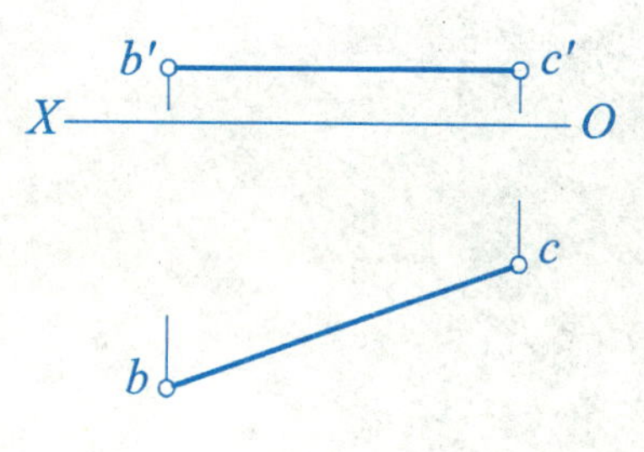

8. 求作直线 *AB*、*CD* 的公垂线 *MN*。

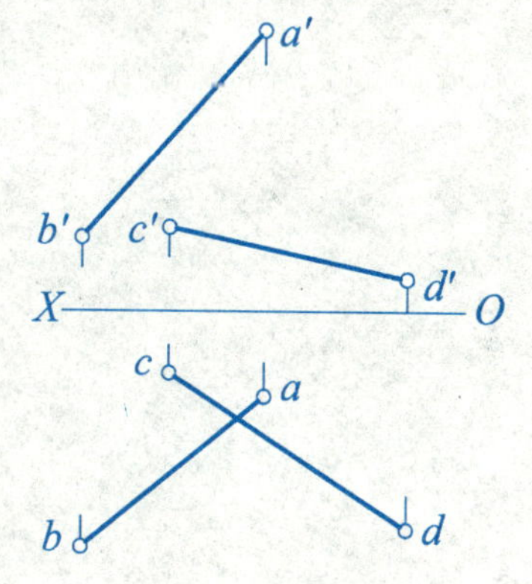

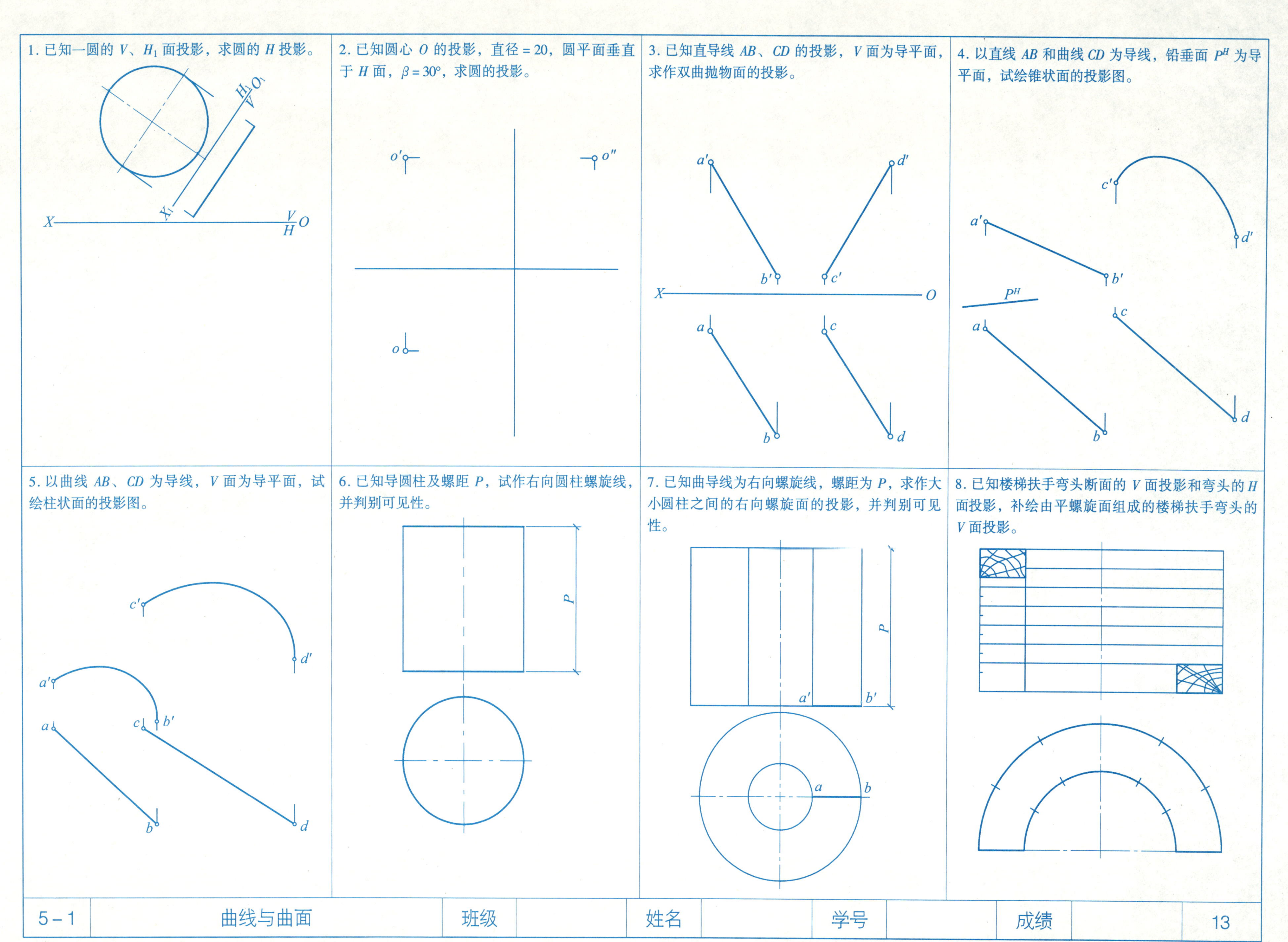

5－1	曲线与曲面	班级		姓名		学号		成绩		13

9. 已知内、外圆柱直径 D、D_1，螺距 P，踏步高 $P/12$，梯段板厚为 $P/12$，试绘制左向螺旋楼梯的投影。

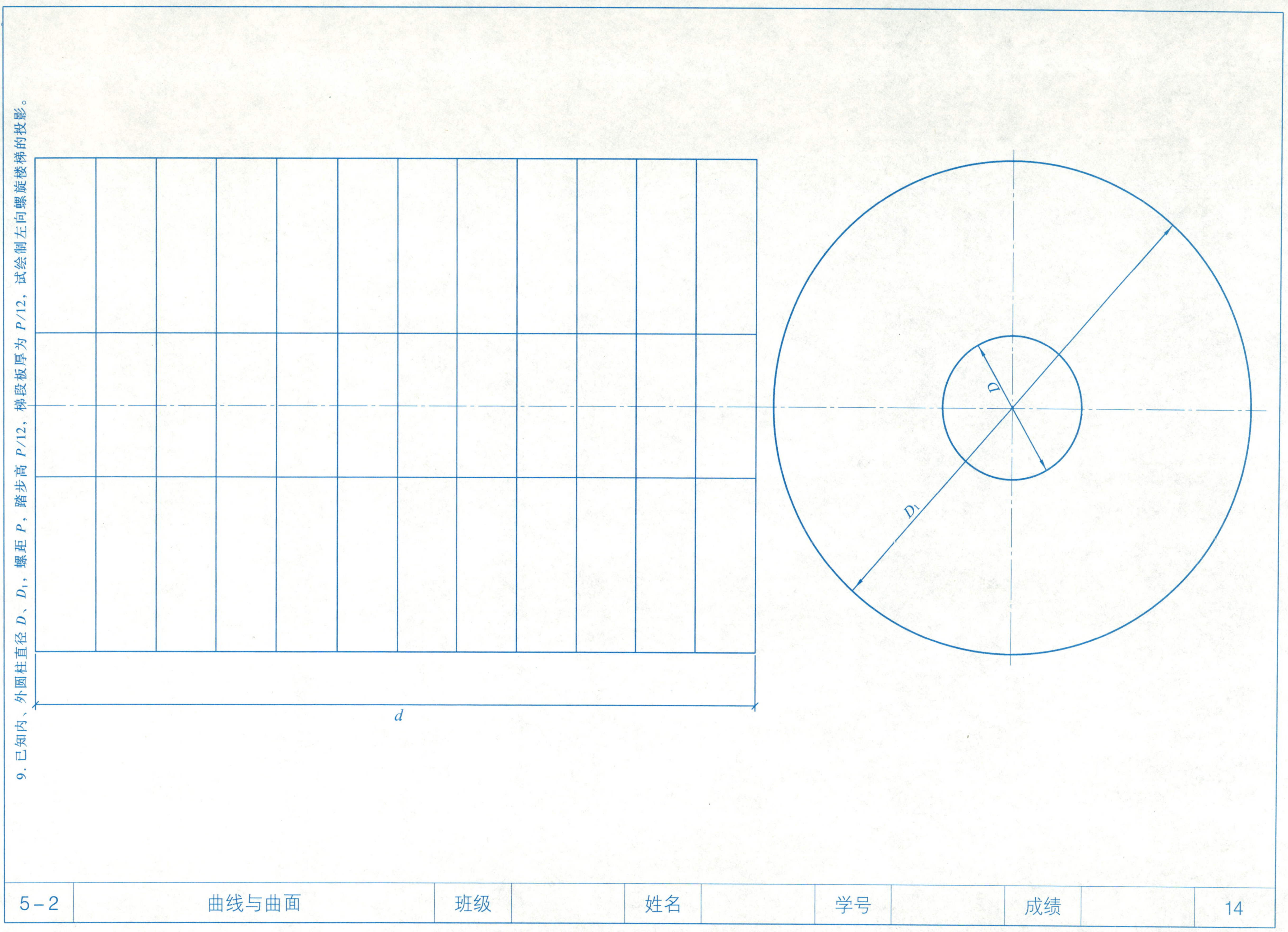

1. 画出五棱柱的 H 投影，并求出五棱柱表面上各点的其余两投影。

2. 画出三棱锥的 W 投影，并求出三棱锥表面上各点的其余两投影。

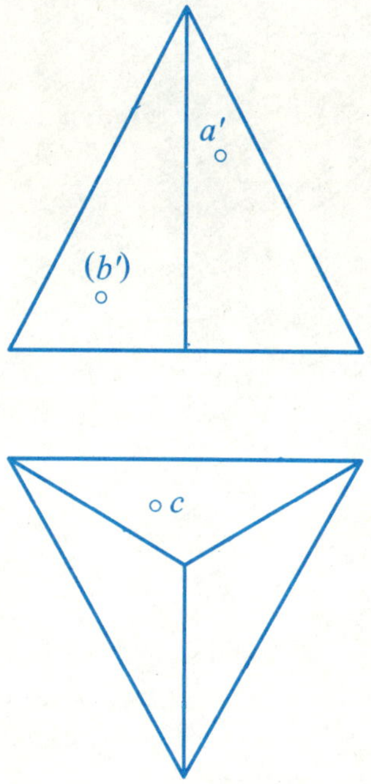

3. 画出四棱台的 W 投影，并求出四棱台表面上点 K、M 和折线 AB 的其余两投影。

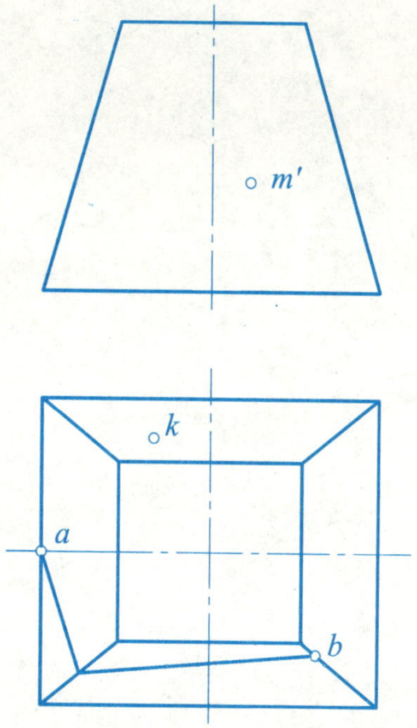

4. 画出四棱锥的 H 投影，并求出四棱锥表面上折线的其余两投影。

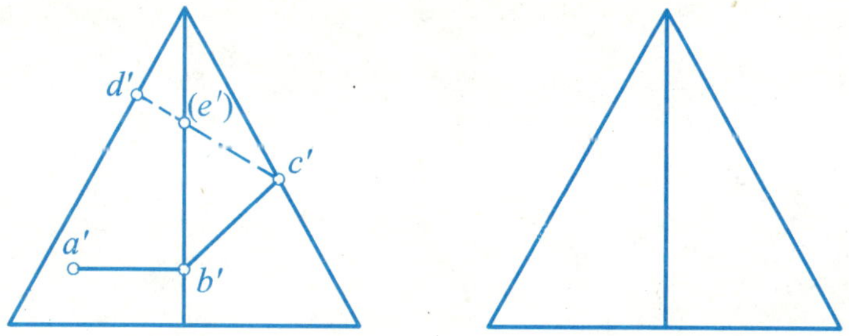

5. 画出四棱柱的 W 投影，并求出四棱柱表面上折线的其余两投影。

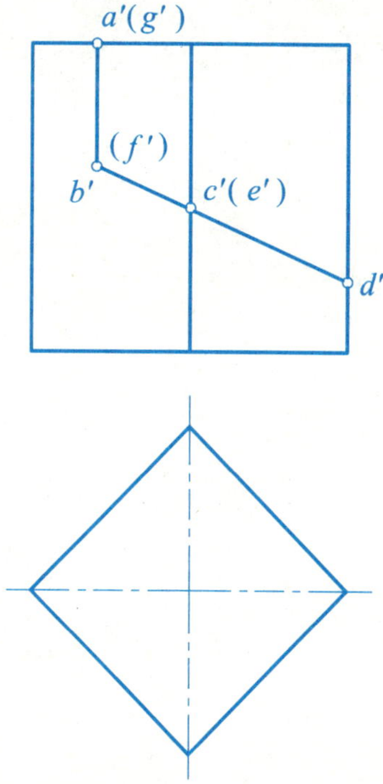

6. 画出三棱柱的 V 投影，并求出三棱柱表面上折线的其余两投影。

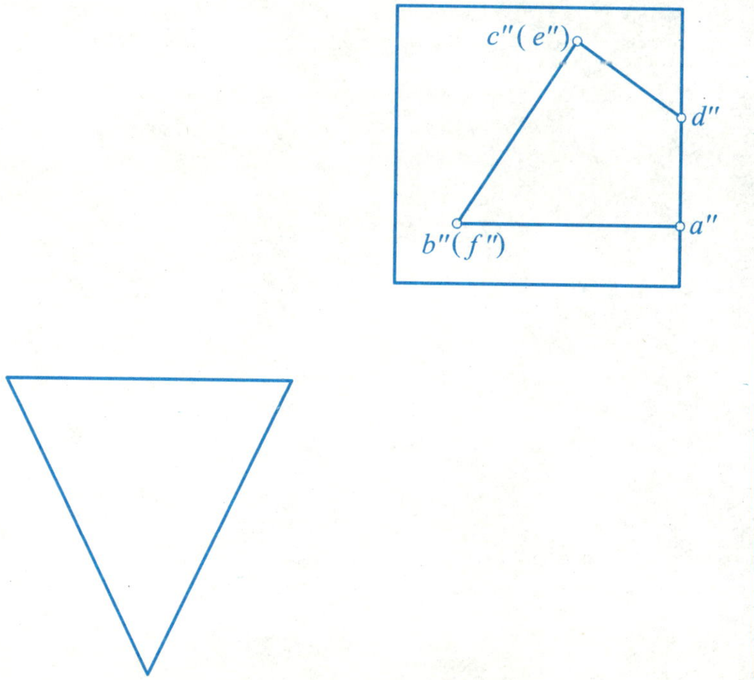

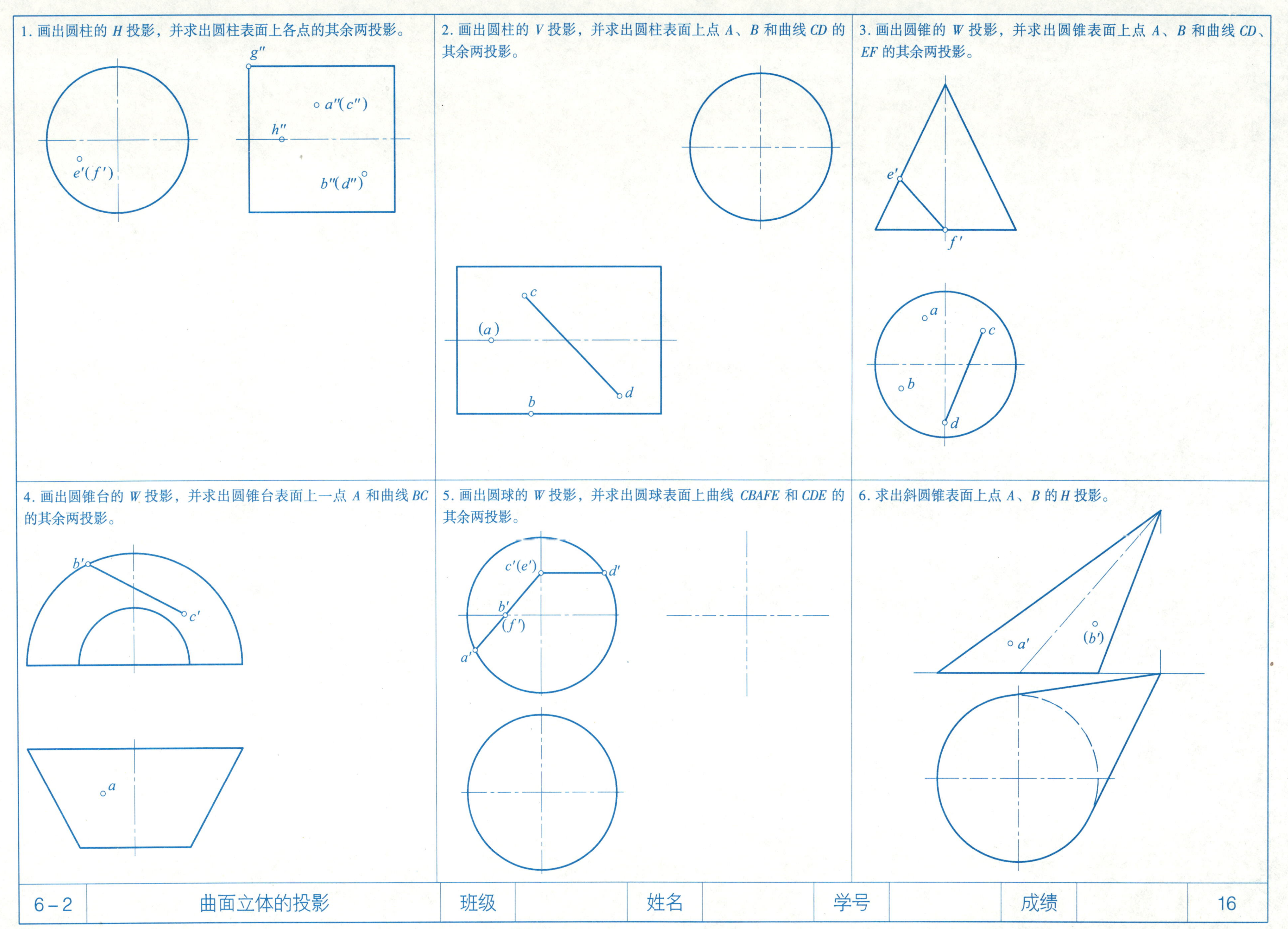

6－2	曲面立体的投影	班级		姓名		学号		成绩		16

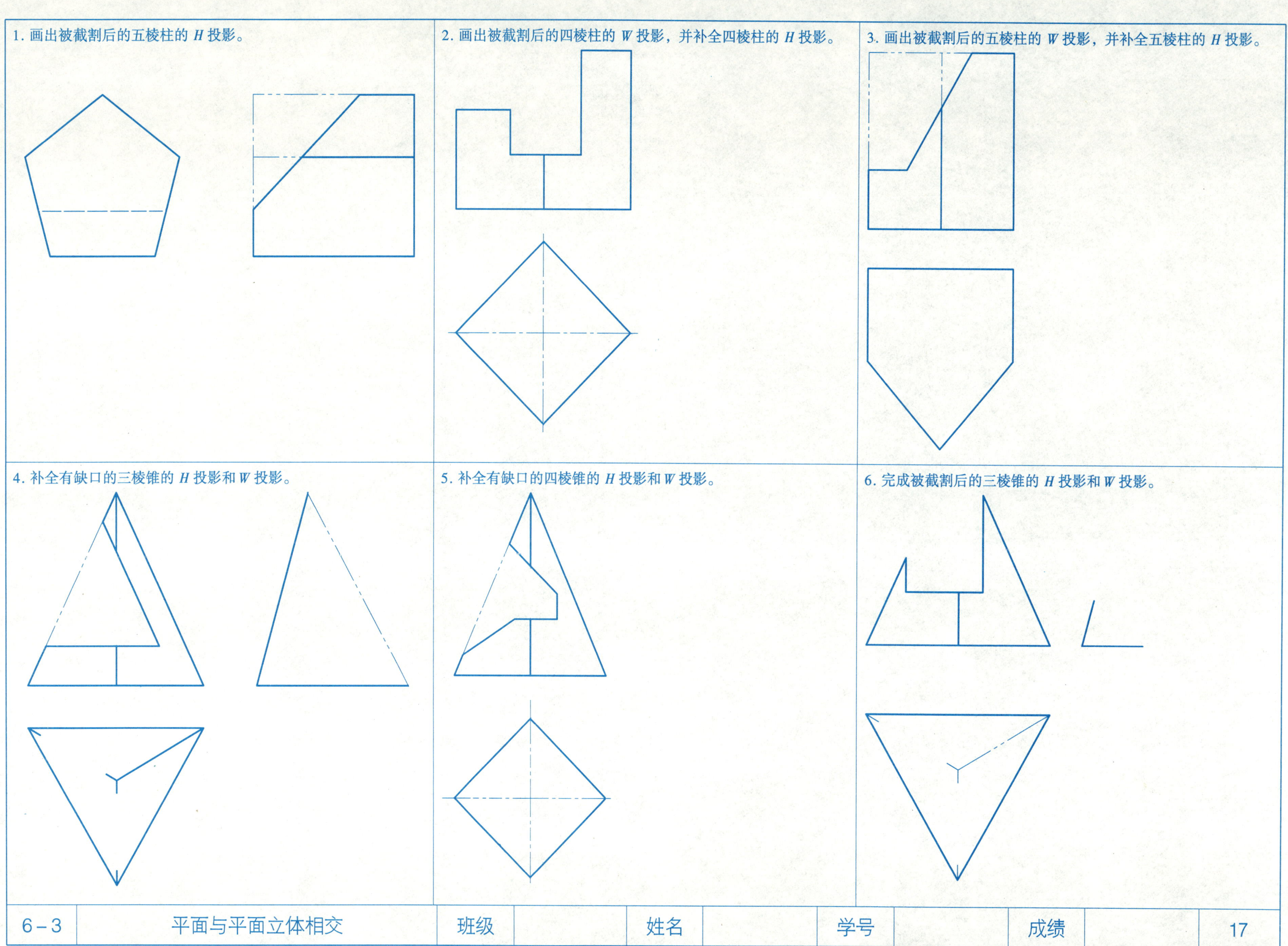
1. 画出被截割后的五棱柱的 *H* 投影。
2. 画出被截割后的四棱柱的 *W* 投影，并补全四棱柱的 *H* 投影。
3. 画出被截割后的五棱柱的 *W* 投影，并补全五棱柱的 *H* 投影。
4. 补全有缺口的三棱锥的 *H* 投影和 *W* 投影。
5. 补全有缺口的四棱锥的 *H* 投影和 *W* 投影。
6. 完成被截割后的三棱锥的 *H* 投影和 *W* 投影。
6－3
平面与平面立体相交
班级
姓名
学号
成绩

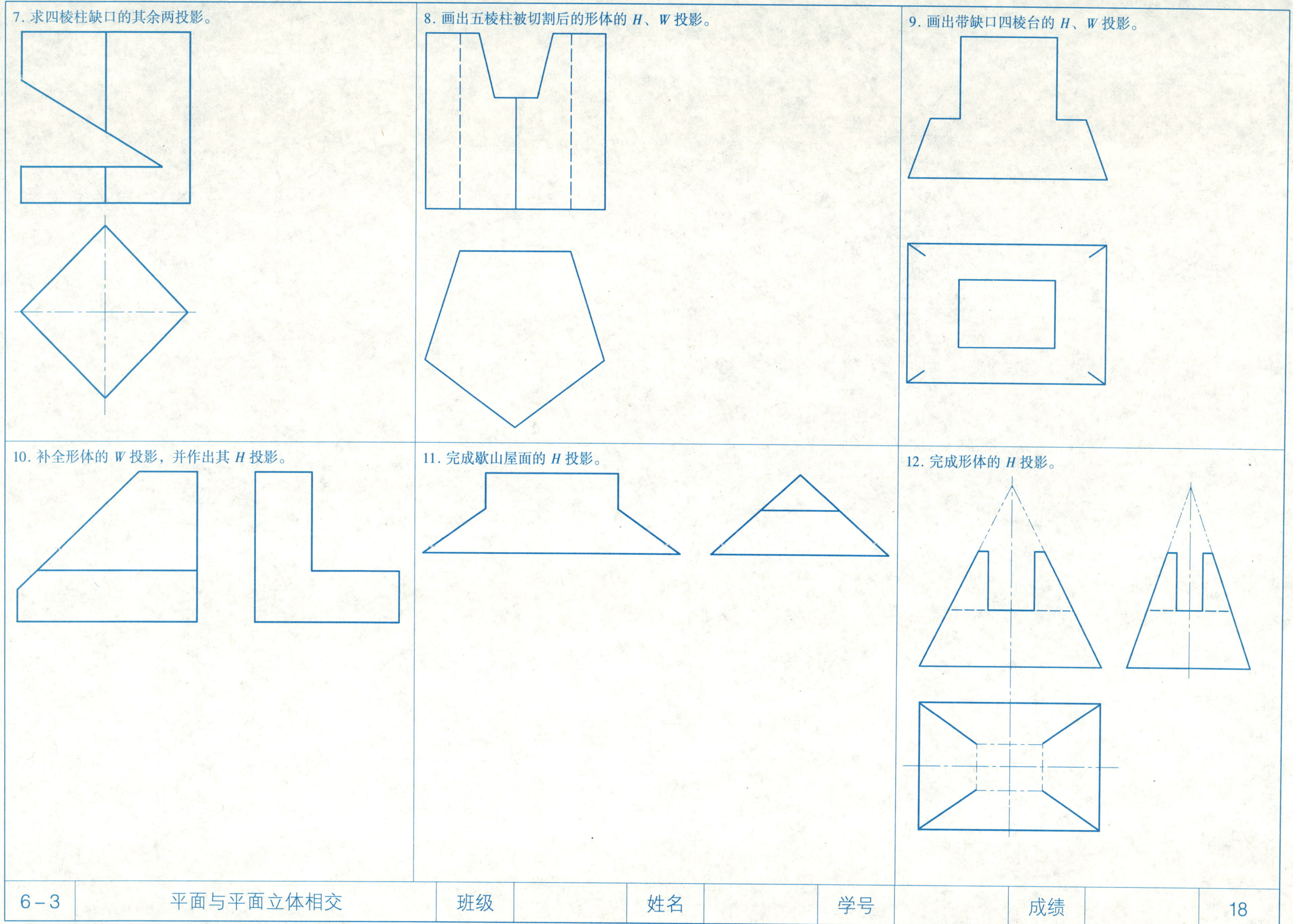
7. 求四棱柱缺口的其余两投影。
8. 画出五棱柱被切割后的形体的 H、W 投影。
9. 画出带缺口四棱台的 H、W 投影。
10. 补全形体的 W 投影，并作出其 H 投影。
11. 完成歇山屋面的 H 投影。
12. 完成形体的 H 投影。
6-3
平面与平面立体相交
班级
姓名
学号
成绩
18

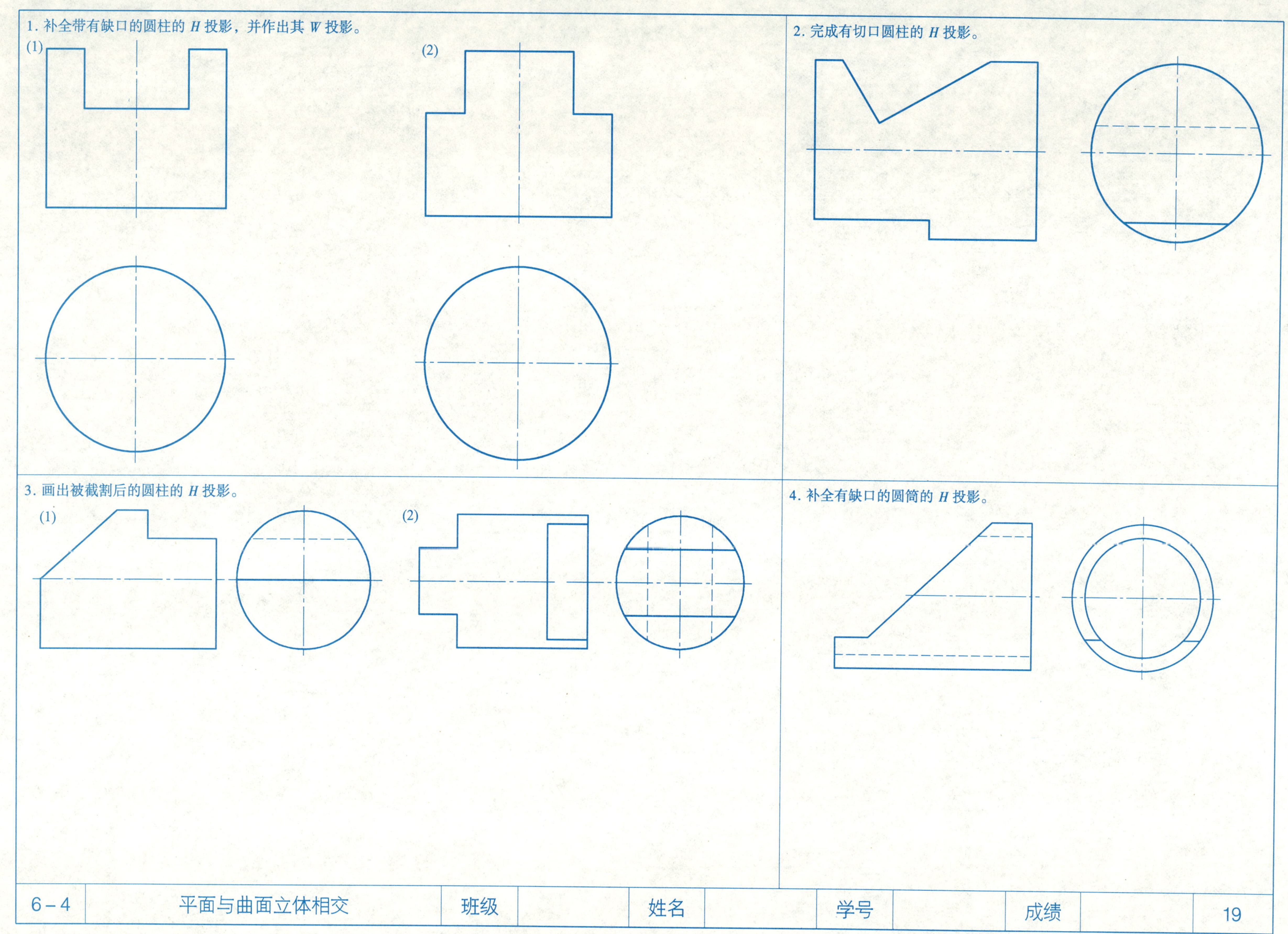
1. 补全带有缺口的圆柱的 *H* 投影，并作出其 *W* 投影。
(1)
(2)
2. 完成有切口圆柱的 *H* 投影。
3. 画出被截割后的圆柱的 *H* 投影。
(1)
(2)
4. 补全有缺口的圆筒的 *H* 投影。
6－4
平面与曲面立体相交
班级
姓名
学号
成绩
19

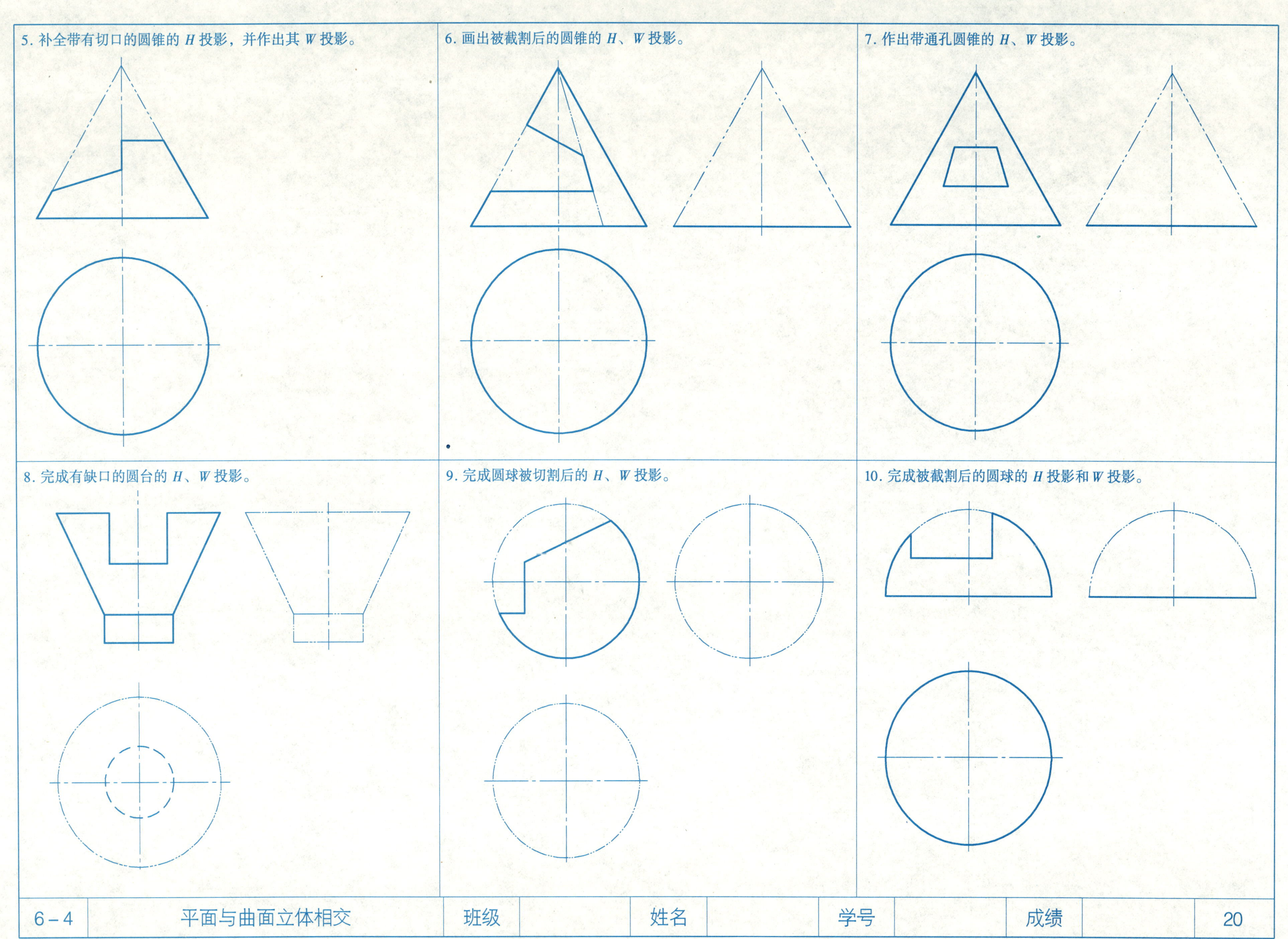
5. 补全带有切口的圆锥的 H 投影，并作出其 W 投影。
6. 画出被截割后的圆锥的 H、W 投影。
7. 作出带通孔圆锥的 H、W 投影。
8. 完成有缺口的圆台的 H、W 投影。
9. 完成圆球被切割后的 H、W 投影。
10. 完成被截割后的圆球的 H 投影和 W 投影。
6－4
平面与曲面立体相交
班级
姓名
学号
成绩
20

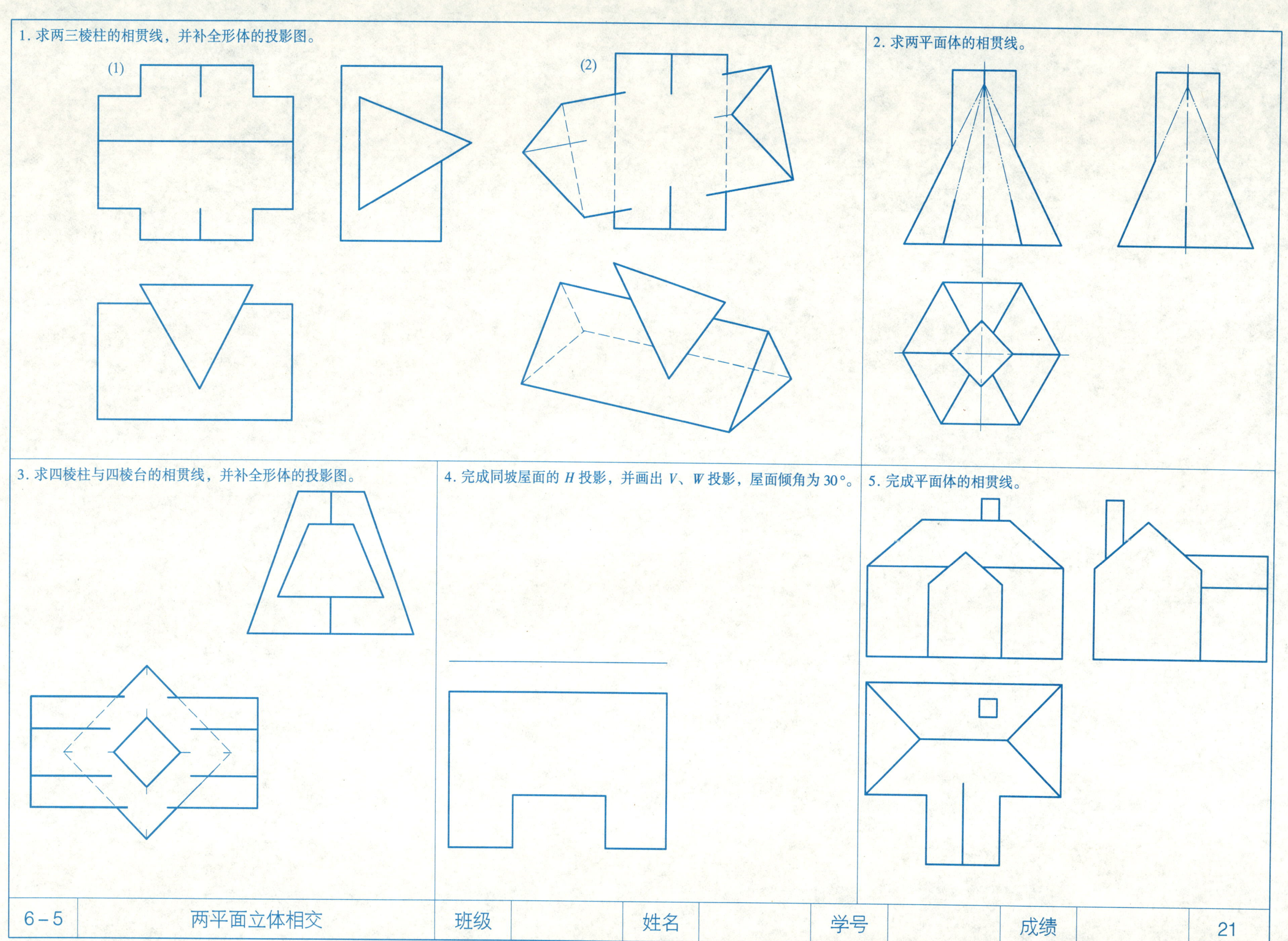

1. 求两三棱柱的相贯线，并补全形体的投影图。
(1)
(2)
2. 求两平面体的相贯线。
3. 求四棱柱与四棱台的相贯线，并补全形体的投影图。
4. 完成同坡屋面的 H 投影，并画出 V、W 投影，屋面倾角为 30°。
5. 完成平面体的相贯线。

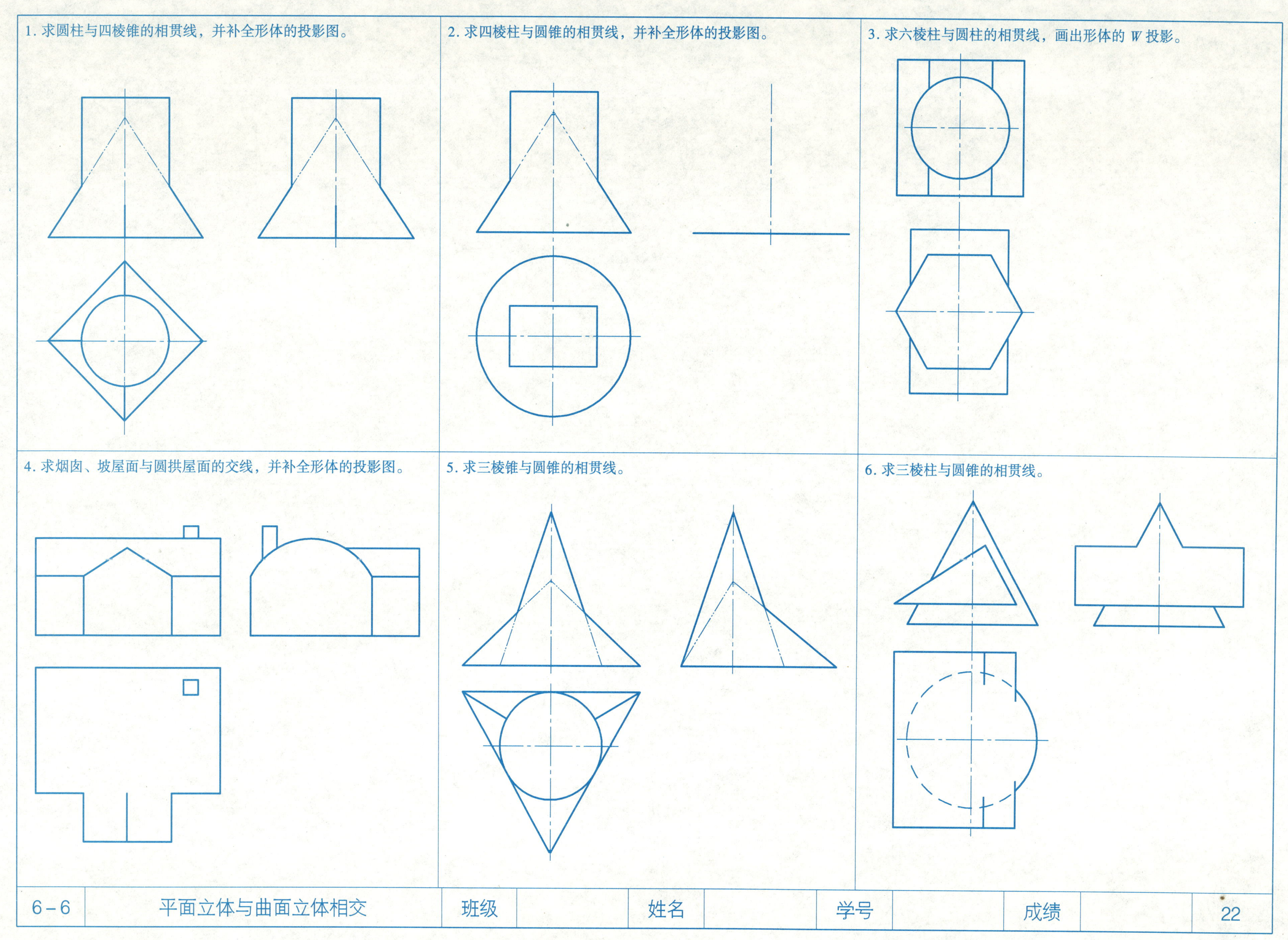
1. 求圆柱与四棱锥的相贯线，并补全形体的投影图。
2. 求四棱柱与圆锥的相贯线，并补全形体的投影图。
3. 求六棱柱与圆柱的相贯线，画出形体的 W 投影。
4. 求烟囱、坡屋面与圆拱屋面的交线，并补全形体的投影图。
5. 求三棱锥与圆锥的相贯线。
6. 求三棱柱与圆锥的相贯线。
6－6
平面立体与曲面立体相交
班级
姓名
学号
成绩
22

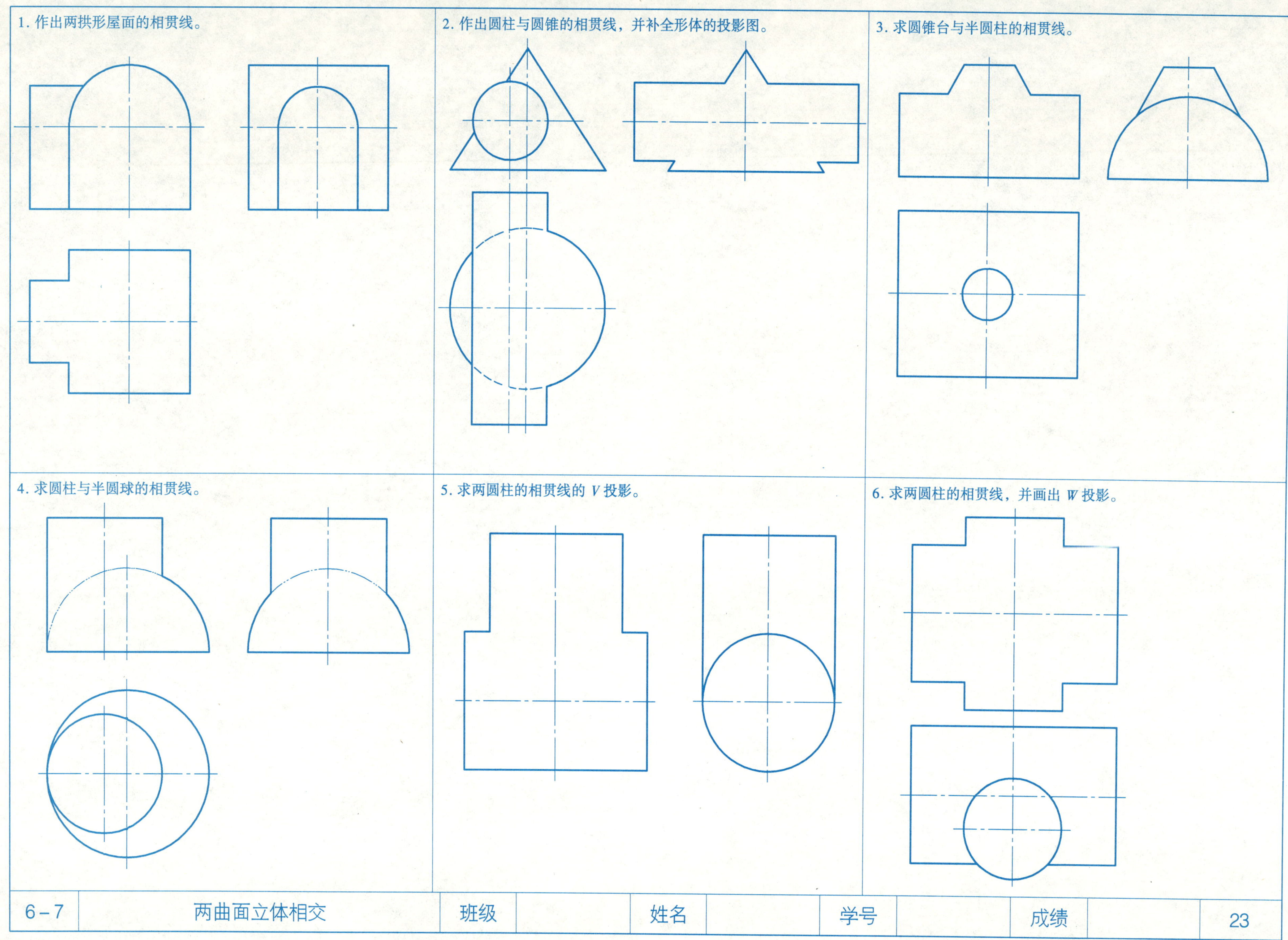
1. 作出两拱形屋面的相贯线。
2. 作出圆柱与圆锥的相贯线，并补全形体的投影图。
3. 求圆锥台与半圆柱的相贯线。
4. 求圆柱与半圆球的相贯线。
5. 求两圆柱的相贯线的 V 投影。
6. 求两圆柱的相贯线，并画出 W 投影。
6-7
两曲面立体相交
班级
姓名
学号
成绩
23

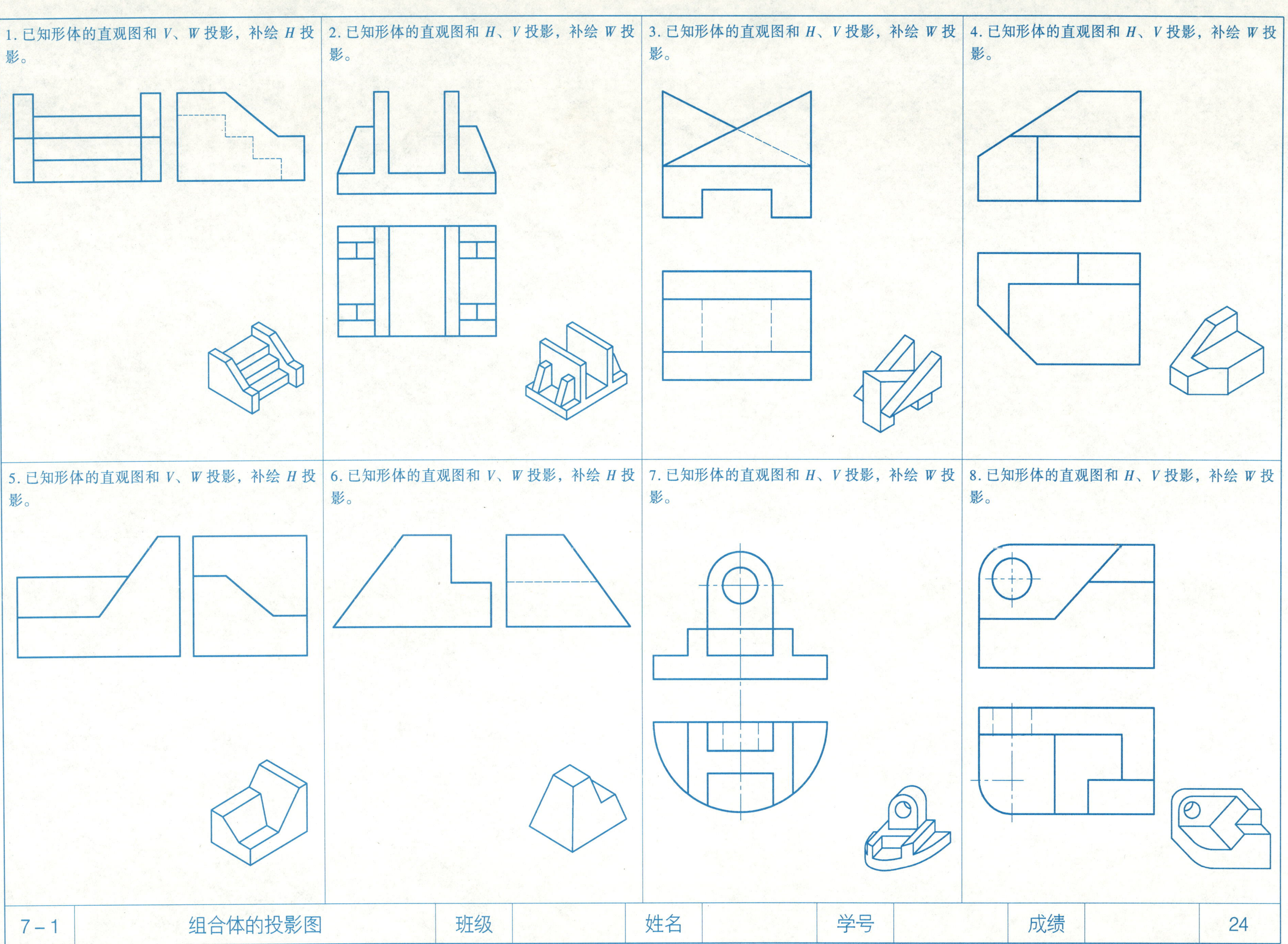
1. 已知形体的直观图和 V、W 投影，补绘 H 投影。
2. 已知形体的直观图和 H、V 投影，补绘 W 投影。
3. 已知形体的直观图和 H、V 投影，补绘 W 投影。
4. 已知形体的直观图和 H、V 投影，补绘 W 投影。
5. 已知形体的直观图和 V、W 投影，补绘 H 投影。
6. 已知形体的直观图和 V、W 投影，补绘 H 投影。
7. 已知形体的直观图和 H、V 投影，补绘 W 投影。
8. 已知形体的直观图和 H、V 投影，补绘 W 投影。

作业要求：

一、作业目的

1. 熟悉正投影法原理，掌握用投影图表达组合体的画法。

2. 掌握组合体的尺寸标注。

二、作业图纸及要求

A2 幅面绘图纸，铅笔（墨线笔）加深。

三、图名

组合体的投影图

四、作业内容

用适当的比例画出任意两个组合体的三面投影图，并标注尺寸。

五、注意事项

1. 先画底稿，经过检查无误后，方可加深图线、标注尺寸。

2. 画底稿时，应合理布置各个投影图的位置，要留出标注尺寸的位置。

3. 图线、字体、尺寸标注等要符合国家有关标准。

1.

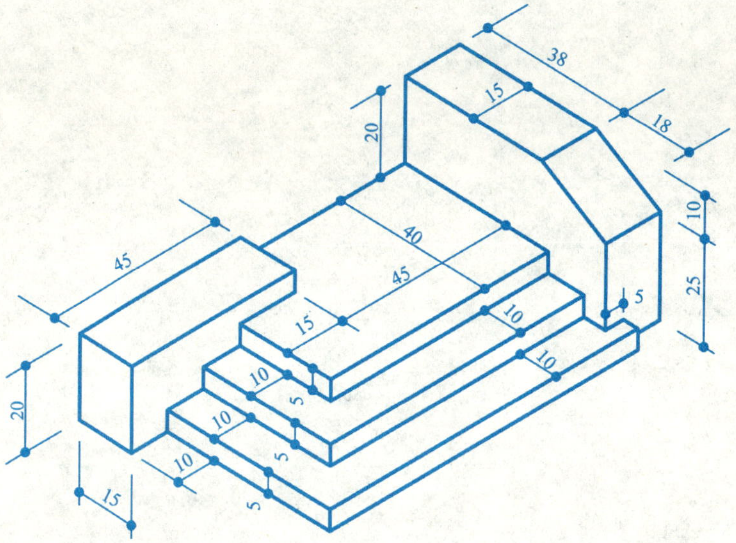

2.

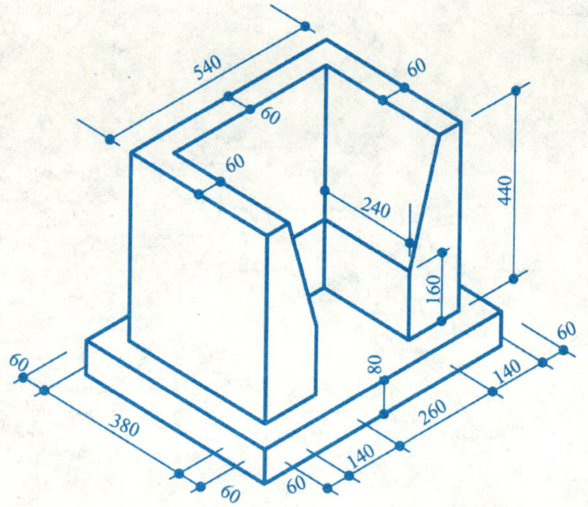

3.

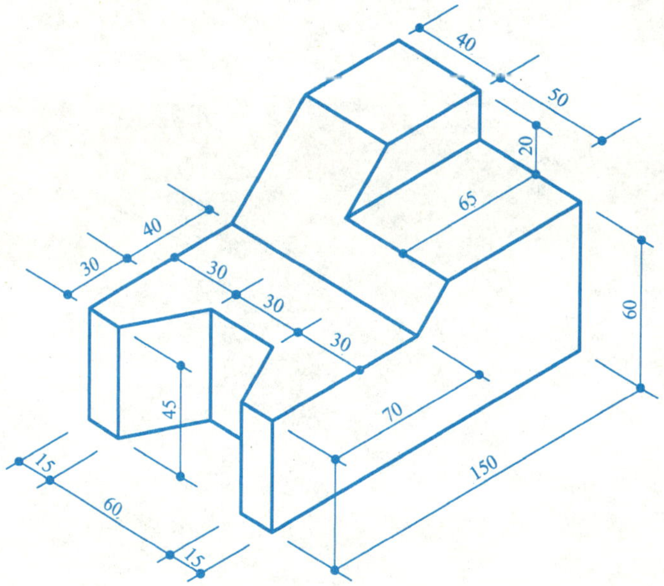

4.

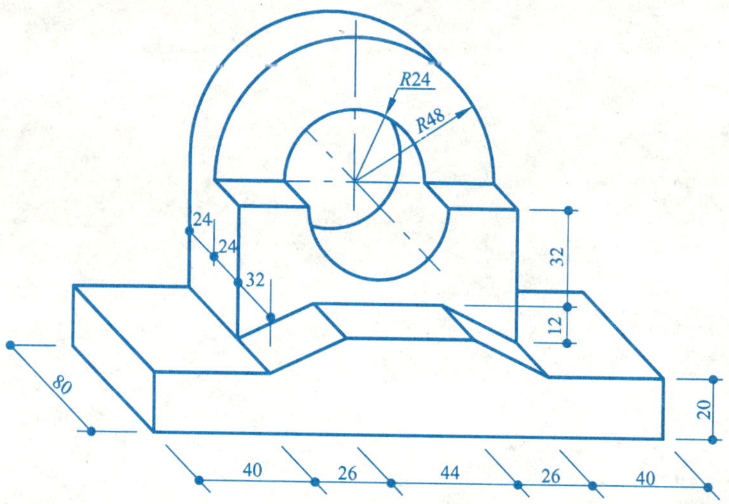

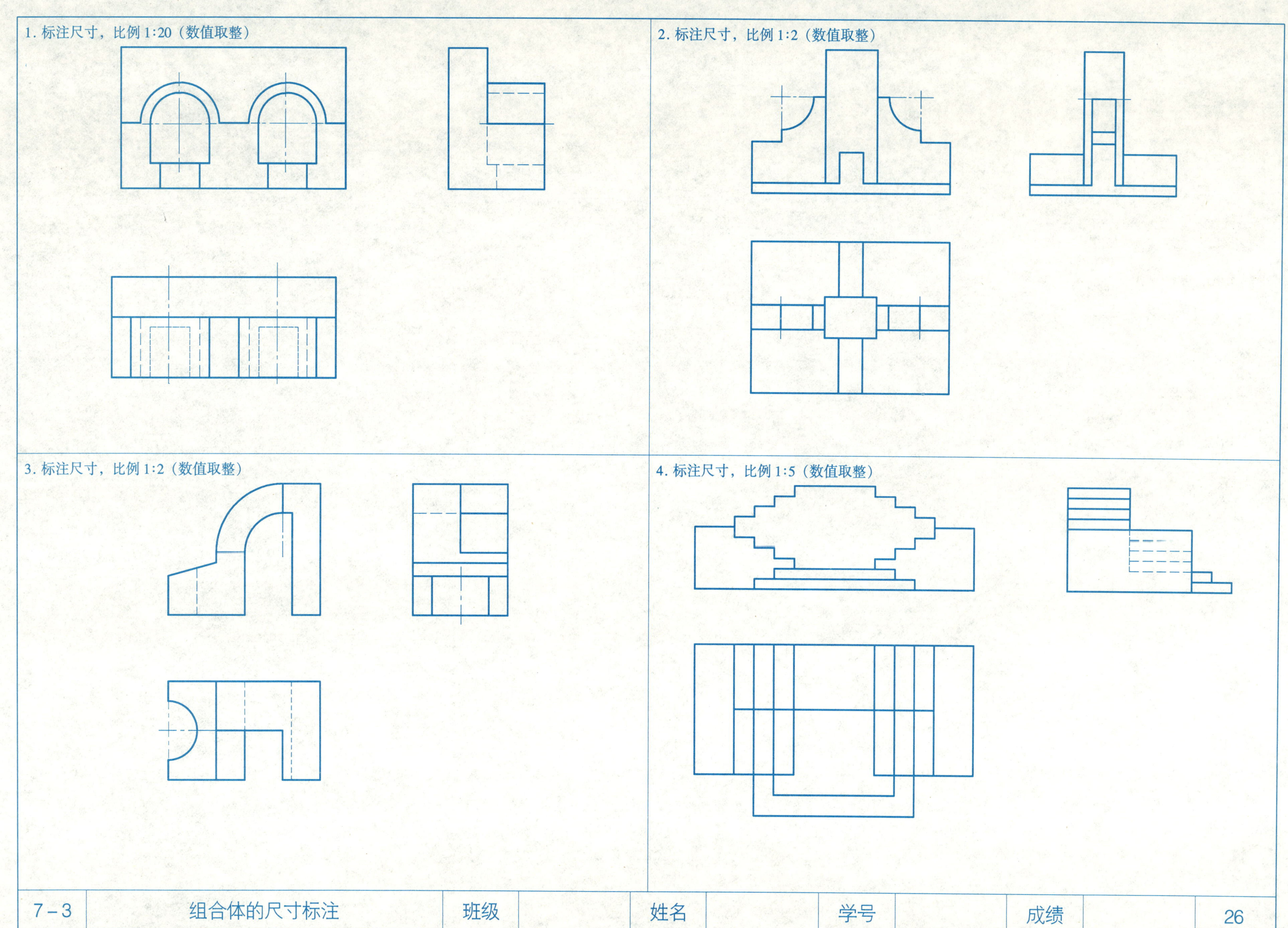
1. 标注尺寸，比例 1:20（数值取整）
2. 标注尺寸，比例 1:2（数值取整）
3. 标注尺寸，比例 1:2（数值取整）
4. 标注尺寸，比例 1:5（数值取整）

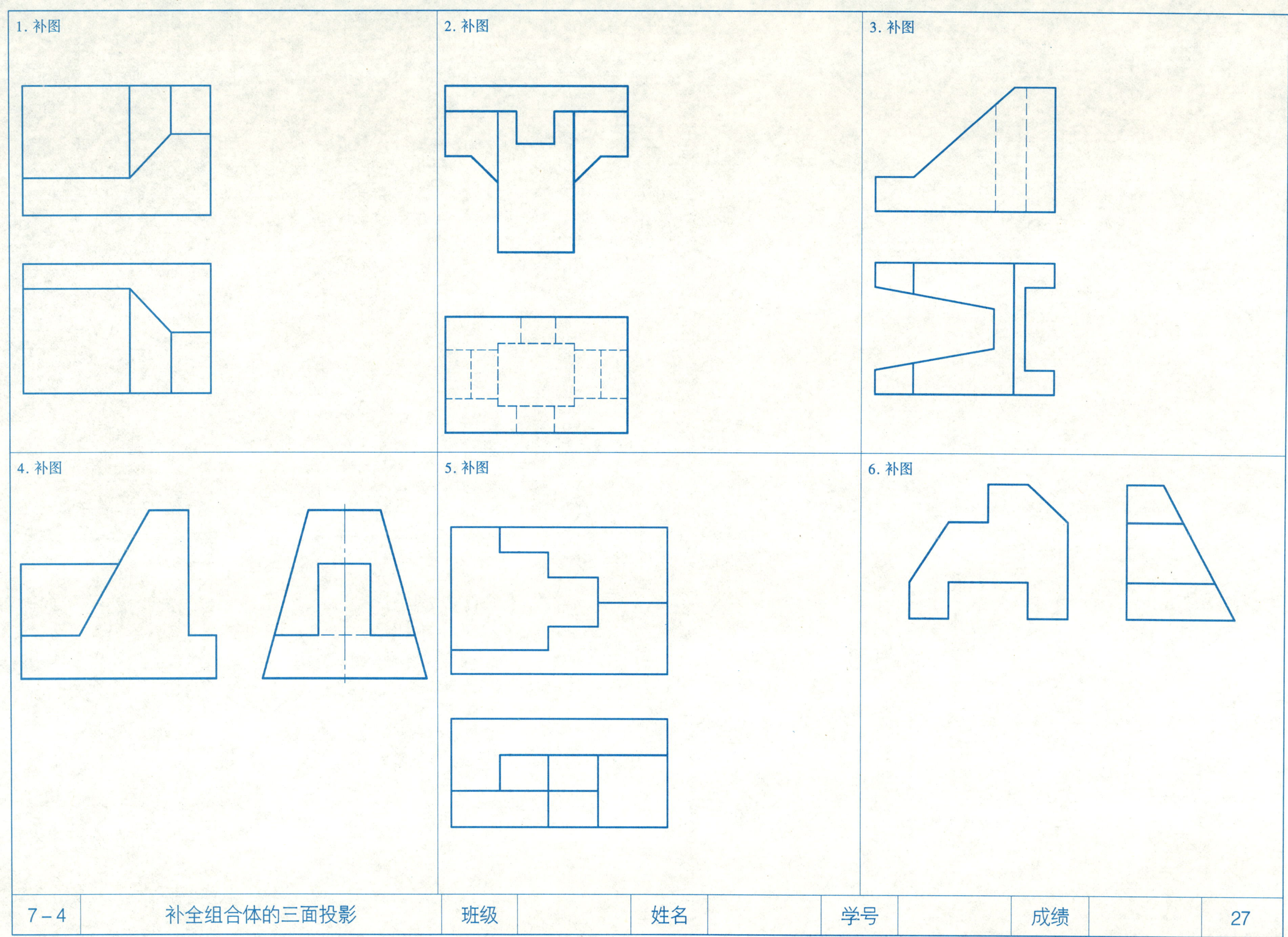
1. 补图
2. 补图
3. 补图
4. 补图
5. 补图
6. 补图

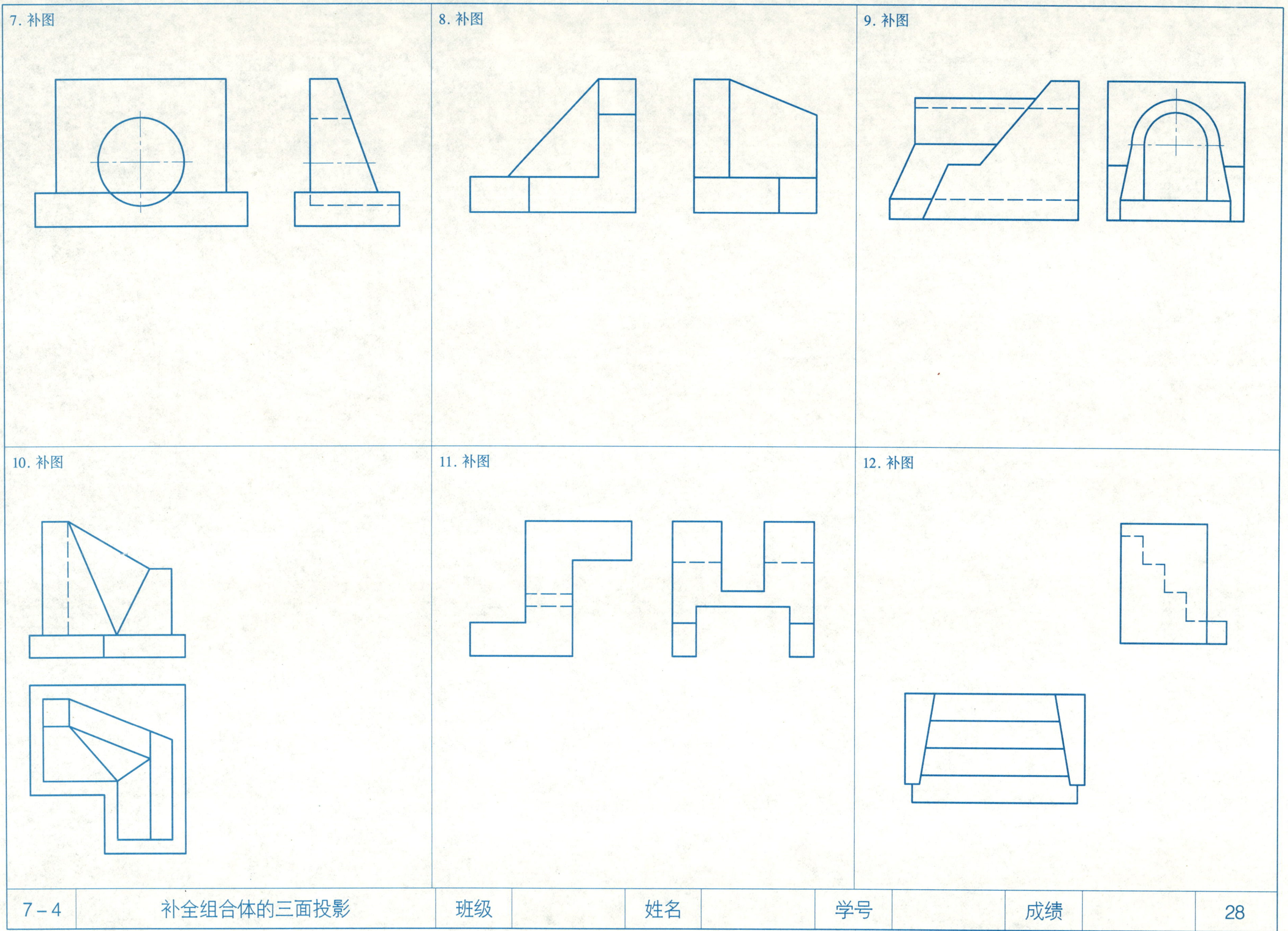
7. 补图
8. 补图
9. 补图
10. 补图
11. 补图
12. 补图

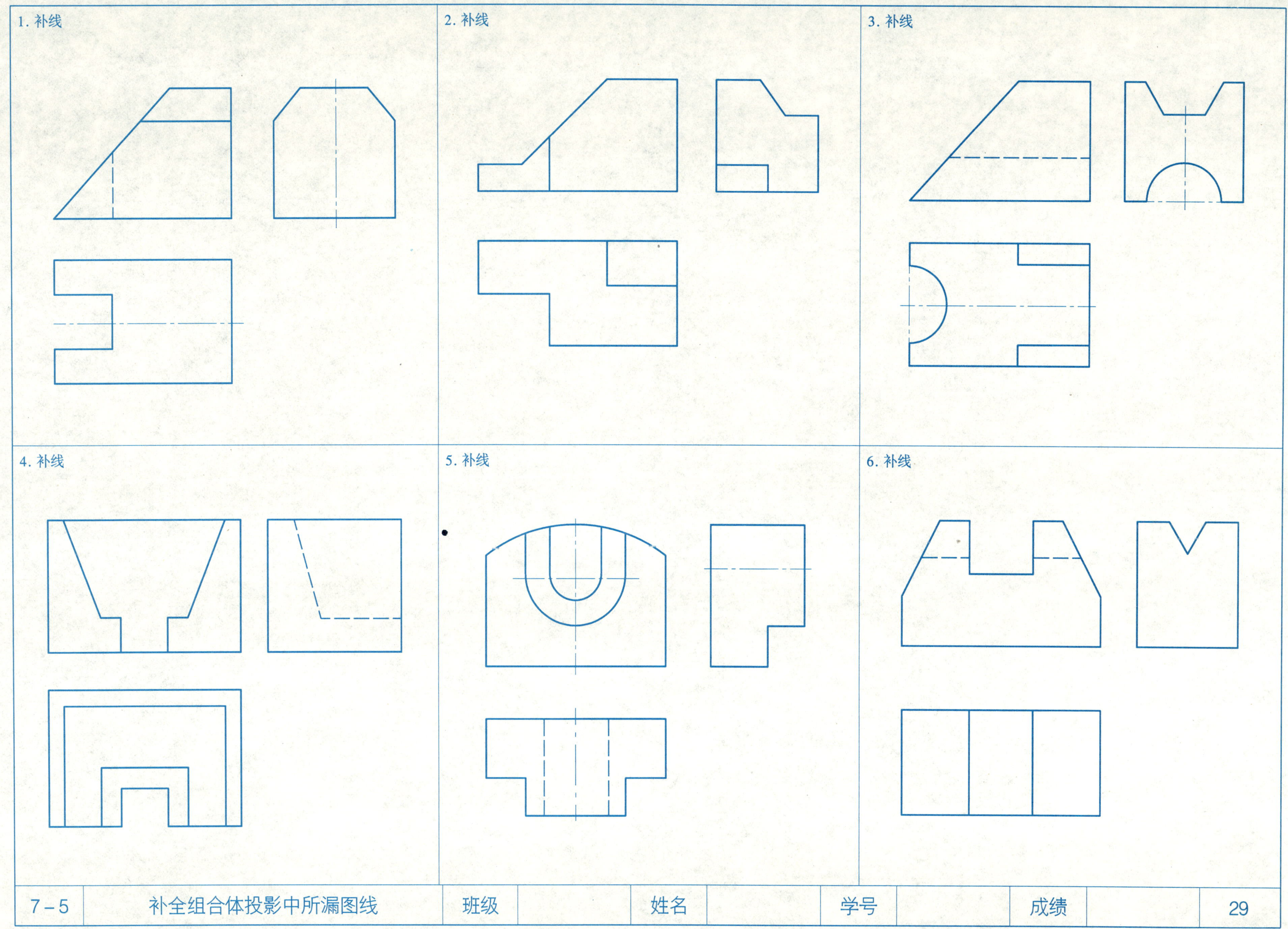
1. 补线
2. 补线
3. 补线
4. 补线
5. 补线
6. 补线
7－5
补全组合体投影中所漏图线
班级
姓名
学号
成绩
29

1. 根据形体的 *V* 投影，构思出两种不同的形体，并补全其余两投影。

(1)

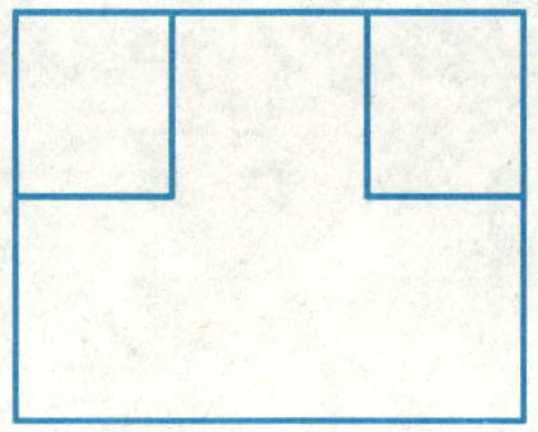

(2)

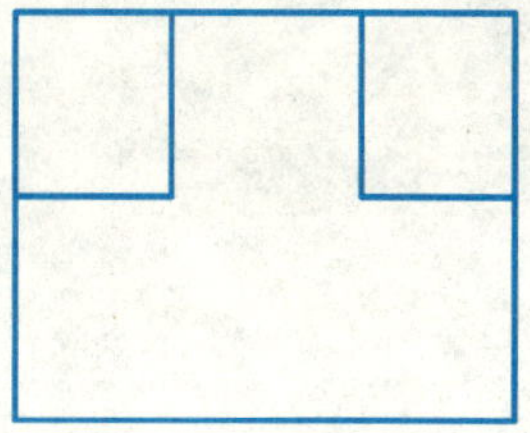

2. 根据形体的 *H* 投影，构思出两种不同的形体，并补全其余两投影。

(1)

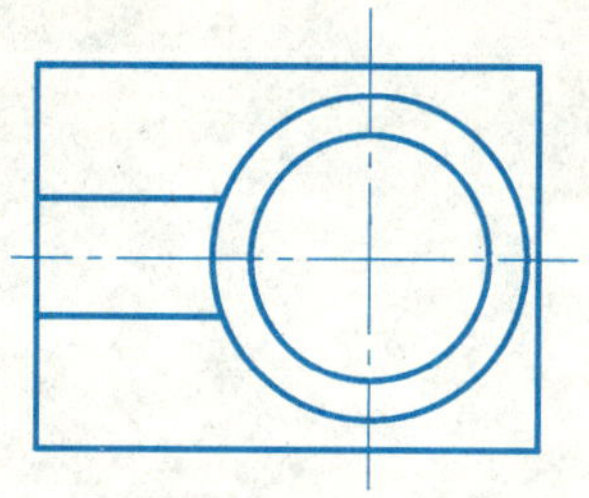

(2)

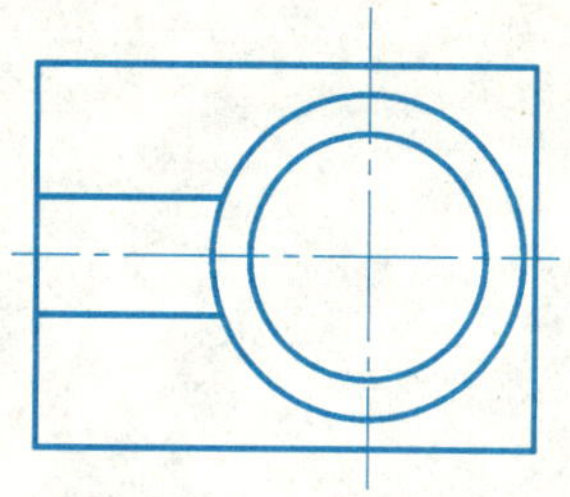

3. 根据形体的 *W* 投影，构思出两种不同的形体，并补全其余两投影。

(1)

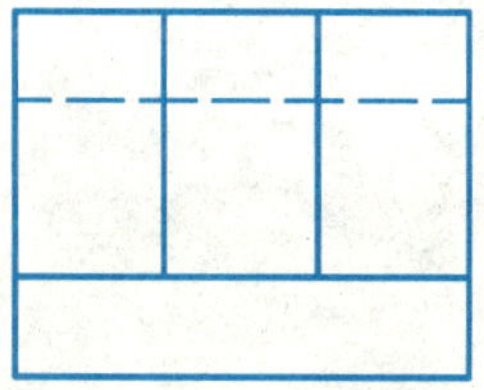

(2)

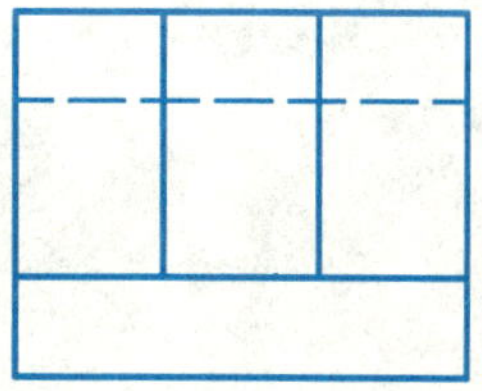

4. 根据形体的 *V*、*W* 投影，构思出两种不同的形体，并补全 *H* 面投影。

(1)

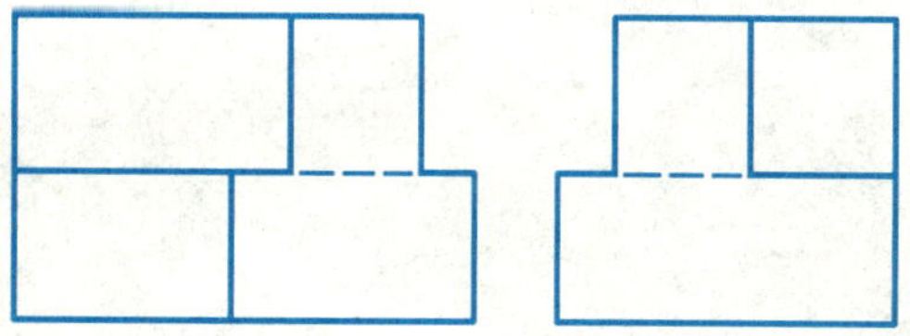

(2)

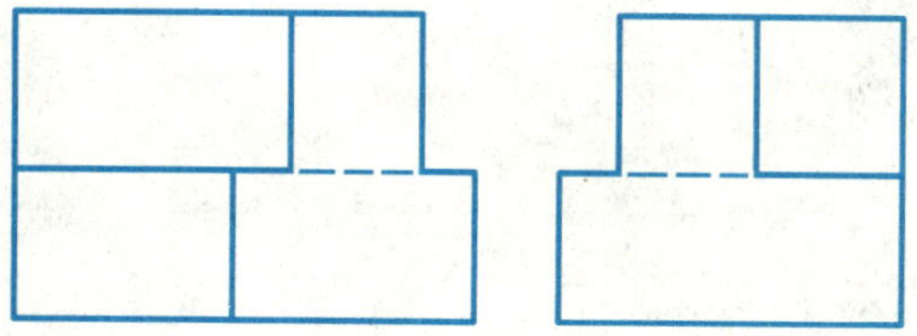

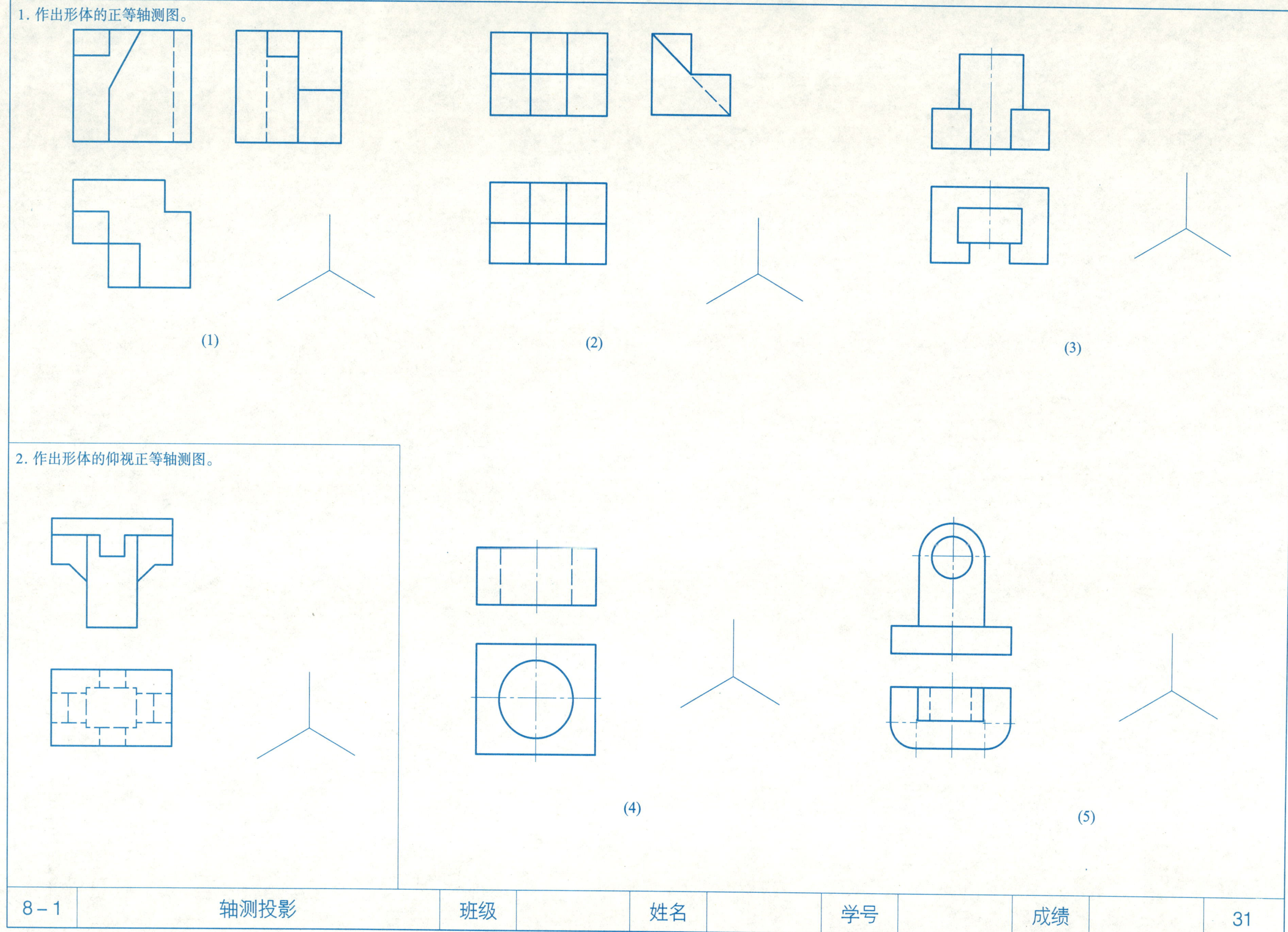
1. 作出形体的正等轴测图。
(1)
(2)
(3)
2. 作出形体的仰视正等轴测图。
(4)
(5)
8－1
轴测投影
班级
姓名
学号
成绩
31

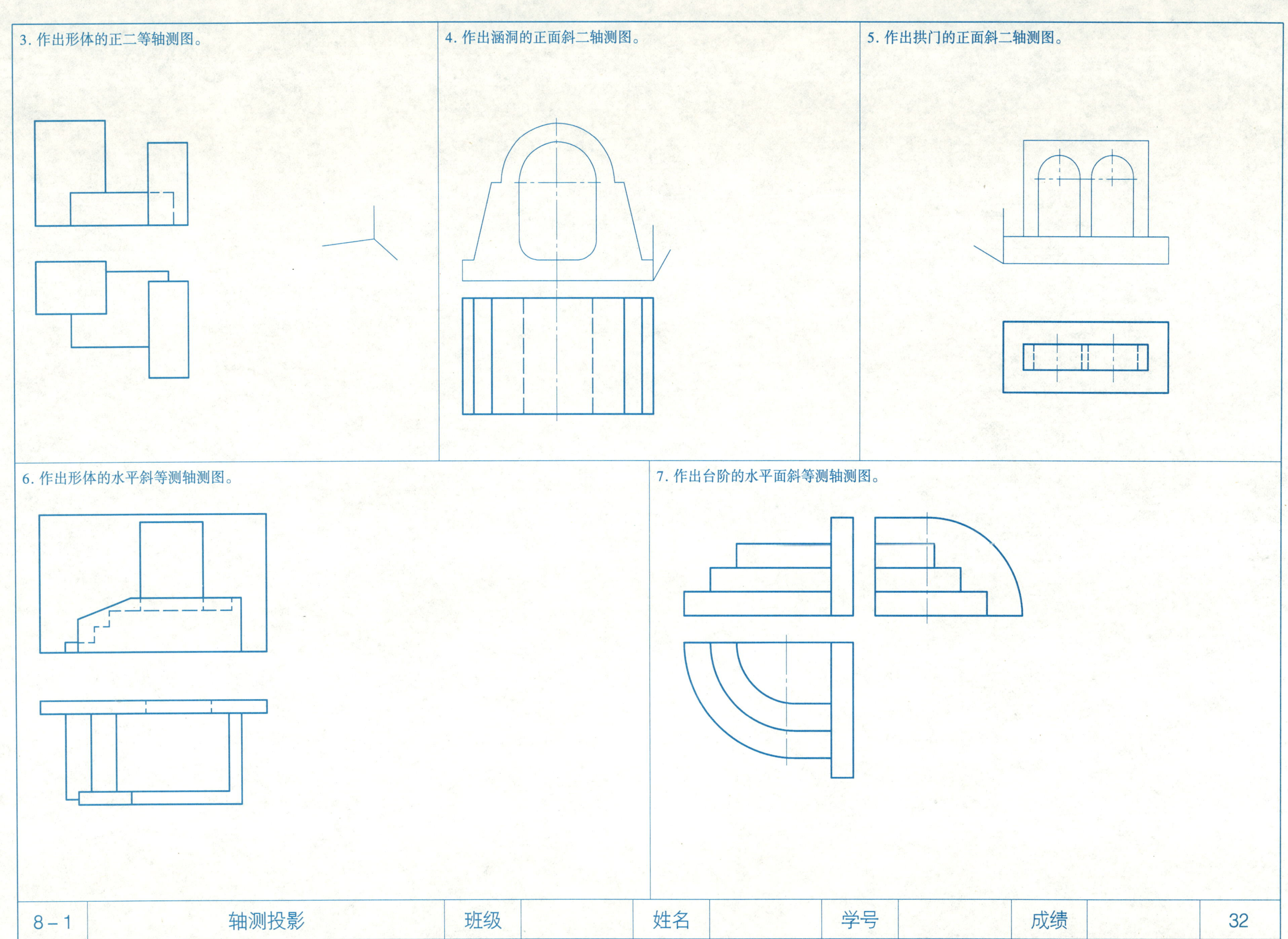
3. 作出形体的正二等轴测图。
4. 作出涵洞的正面斜二轴测图。
5. 作出拱门的正面斜二轴测图。
6. 作出形体的水平斜等测轴测图。
7. 作出台阶的水平面斜等测轴测图。

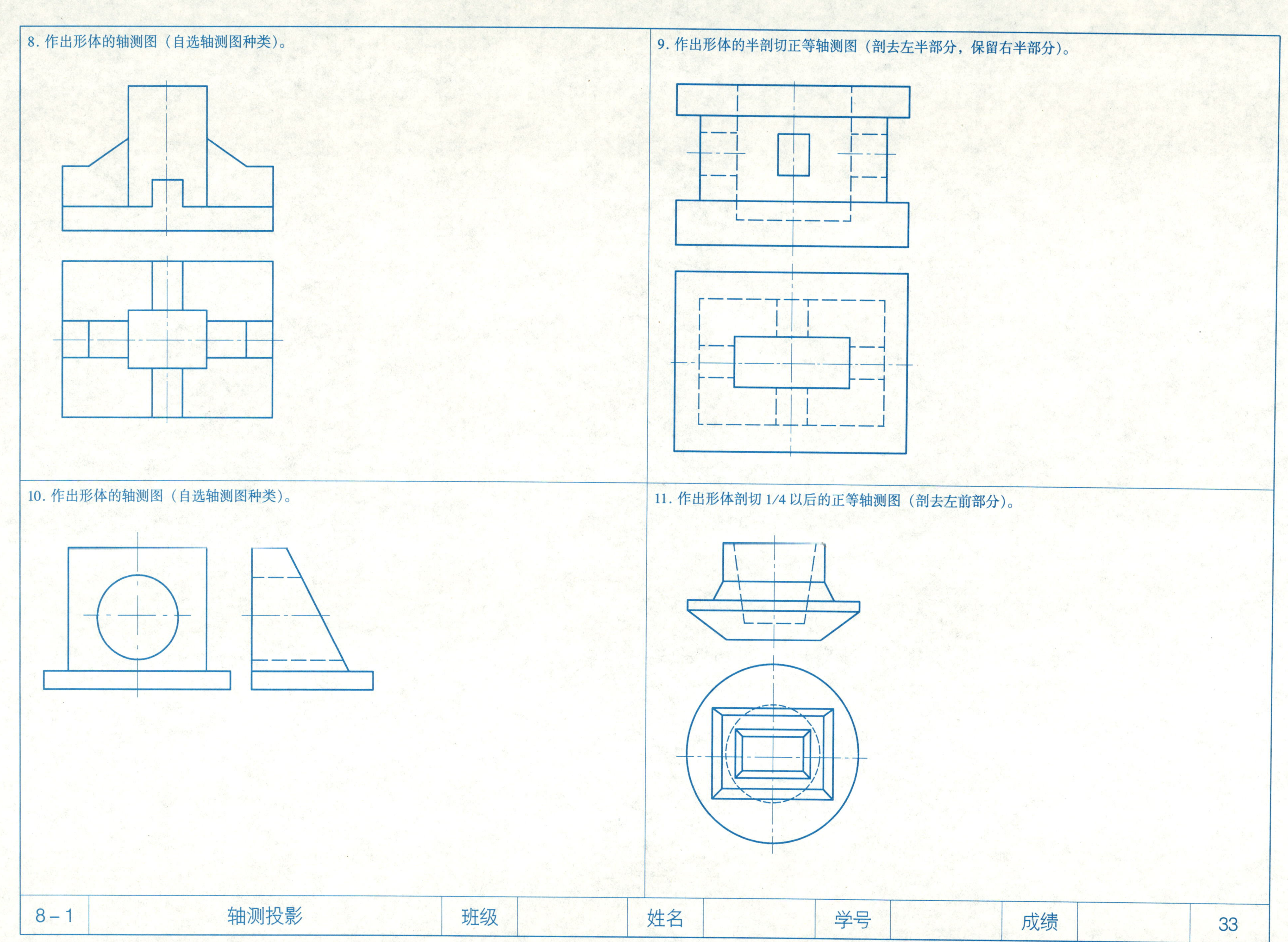
8. 作出形体的轴测图（自选轴测图种类）。
9. 作出形体的半剖切正等轴测图（剖去左半部分，保留右半部分）。
10. 作出形体的轴测图（自选轴测图种类）。
11. 作出形体剖切 1/4 以后的正等轴测图（剖去左前部分）。

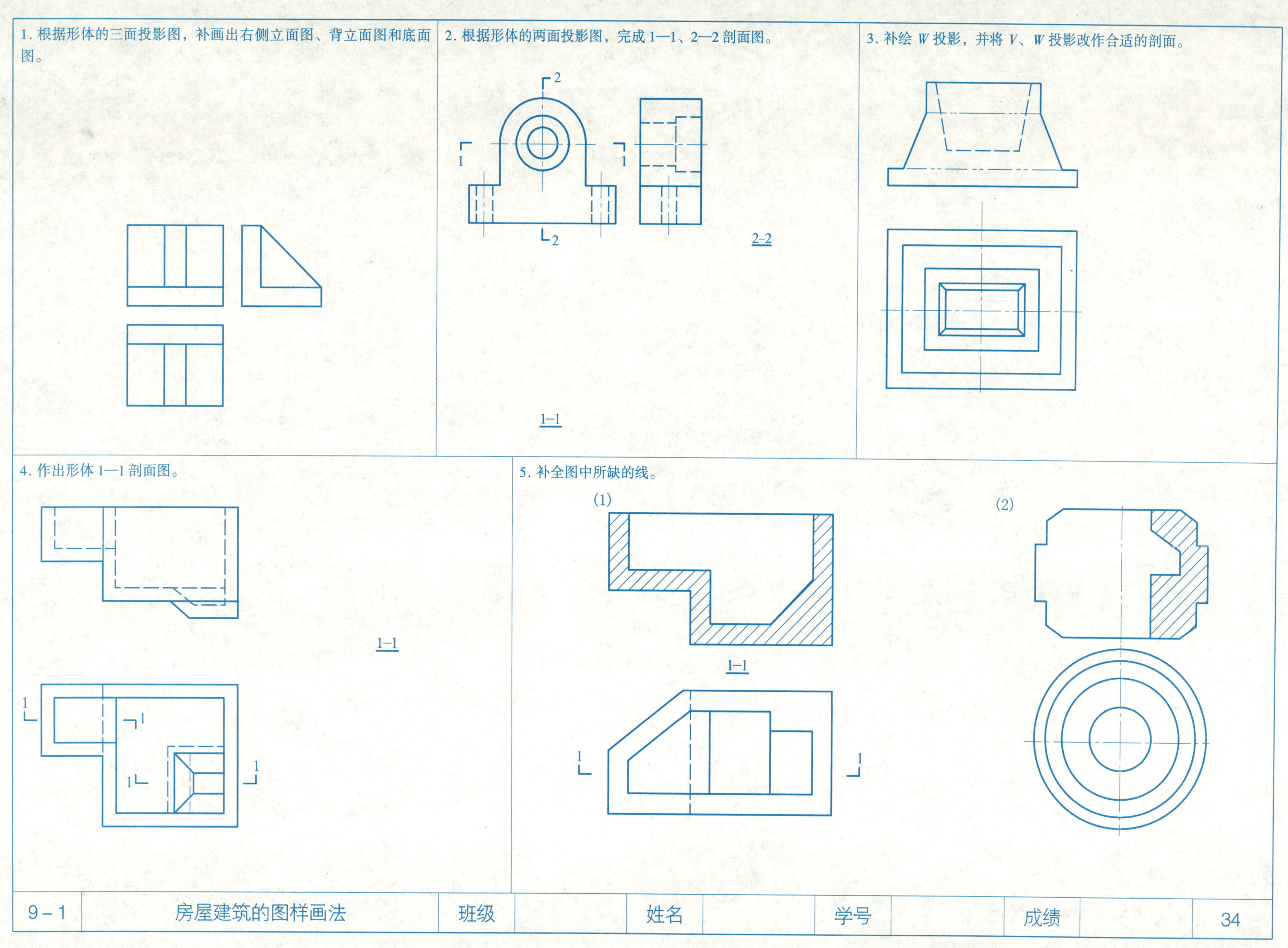
1. 根据形体的三面投影图，补画出右侧立面图、背立面图和底面图。
2. 根据形体的两面投影图，完成 1—1、2—2 剖面图。
2
1
1
2
2-2
1-1
3. 补绘 W 投影，并将 V、W 投影改作合适的剖面。
4. 作出形体 1—1 剖面图。
1-1
1
1
1
1
5. 补全图中所缺的线。
(1)
1-1
1
1
(2)
9－1
房屋建筑的图样画法
班级
姓名
学号
成绩
34

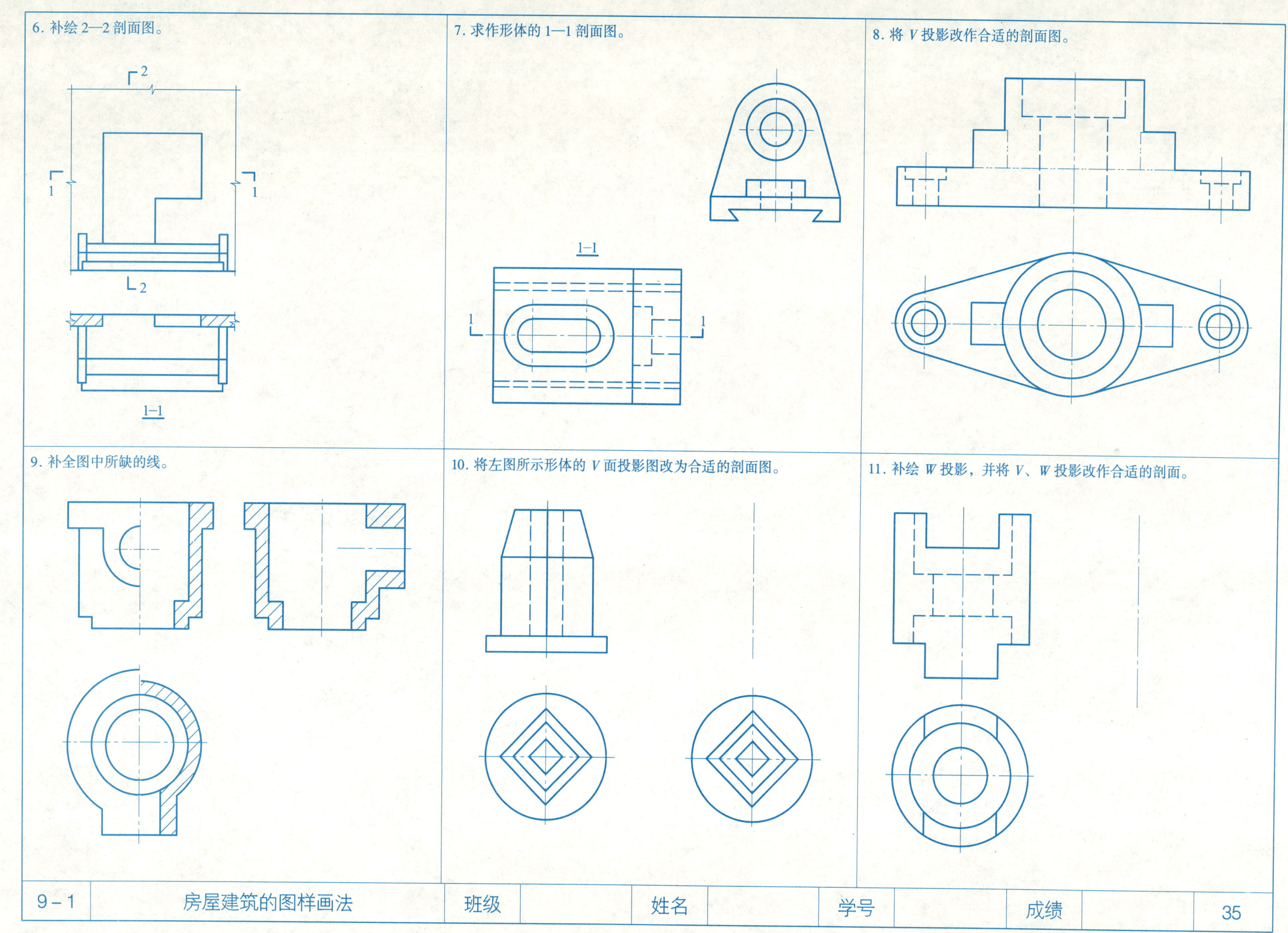
6. 补绘 2—2 剖面图。
2
1
1
2
1—1
7. 求作形体的 1—1 剖面图。
1—1
1
1
8. 将 V 投影改作合适的剖面图。
9. 补全图中所缺的线。
10. 将左图所示形体的 V 面投影图改为合适的剖面图。
11. 补绘 W 投影，并将 V、W 投影改作合适的剖面。

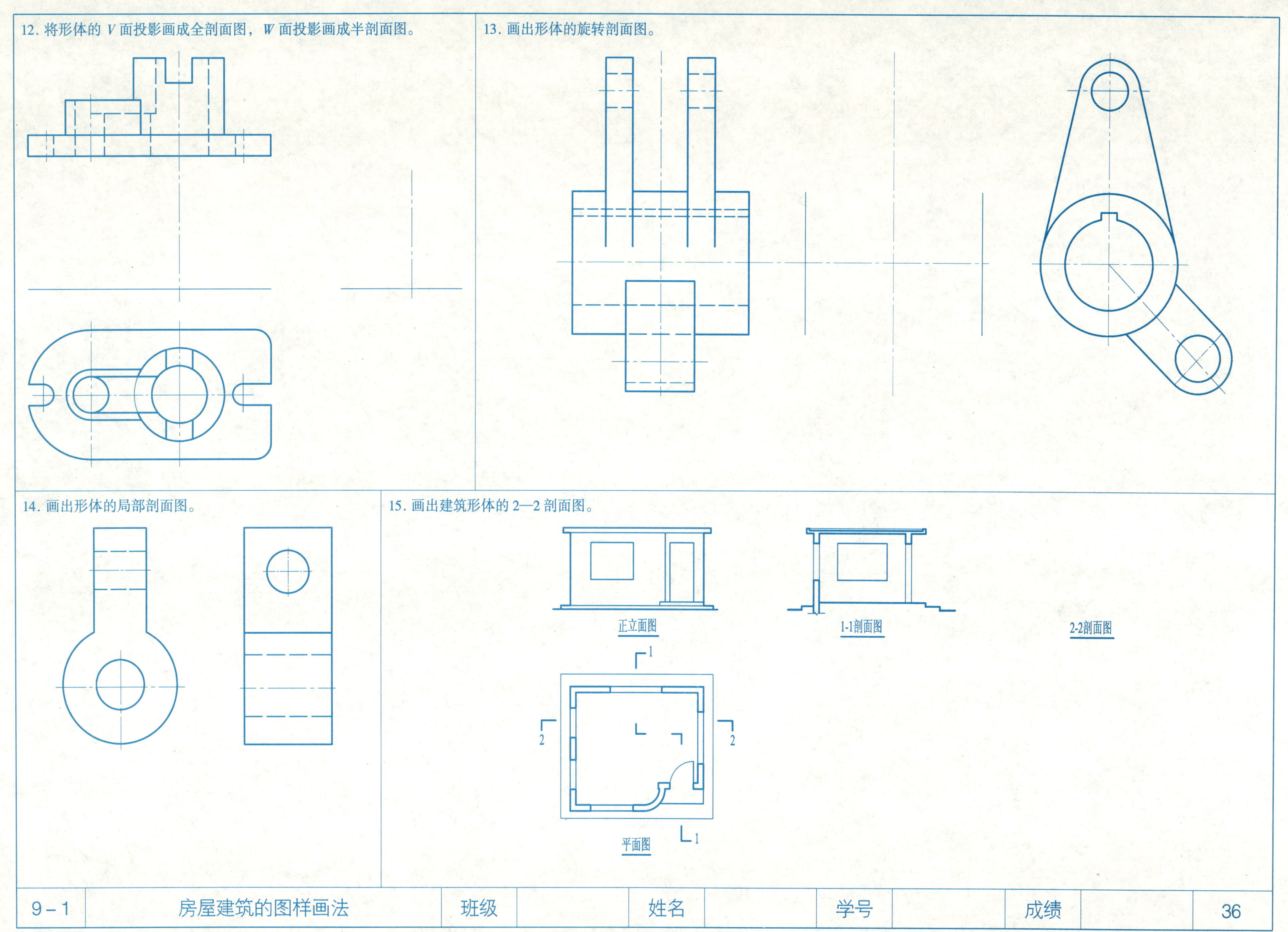
12. 将形体的 V 面投影画成全剖面图，W 面投影画成半剖面图。
13. 画出形体的旋转剖面图。
14. 画出形体的局部剖面图。
15. 画出建筑形体的 2—2 剖面图。
正立面图
1-1剖面图
2-2剖面图
平面图
1
1
2
2

16. 根据下面的两个图，在给定的位置绘出 2—2 剖面图，3—3、4—4、5—5 断面图（量取实际尺寸放大 3 倍），在一张 A3 图纸上绘出该建筑形体的仰视正等测图。注意：在构件断面处应画出材料图例。

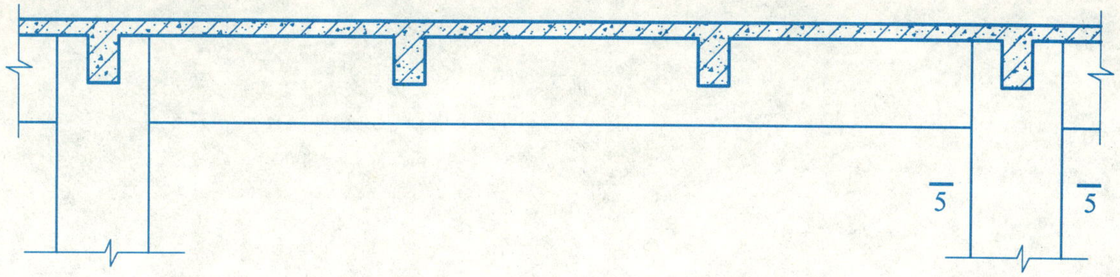

5 5

1—1

2—2

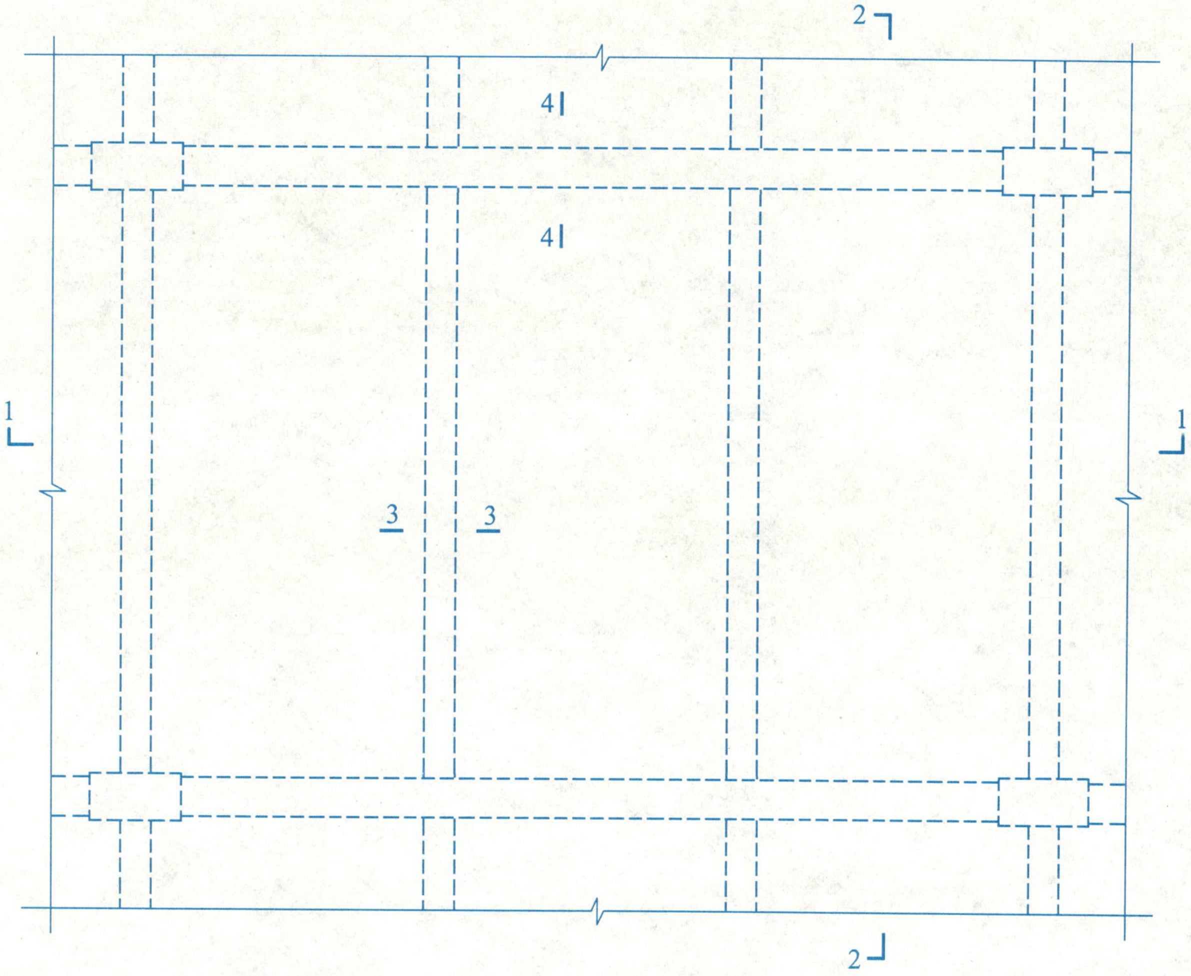

2 4 4 1 1 3 3 2

3—3 4—4 5—5

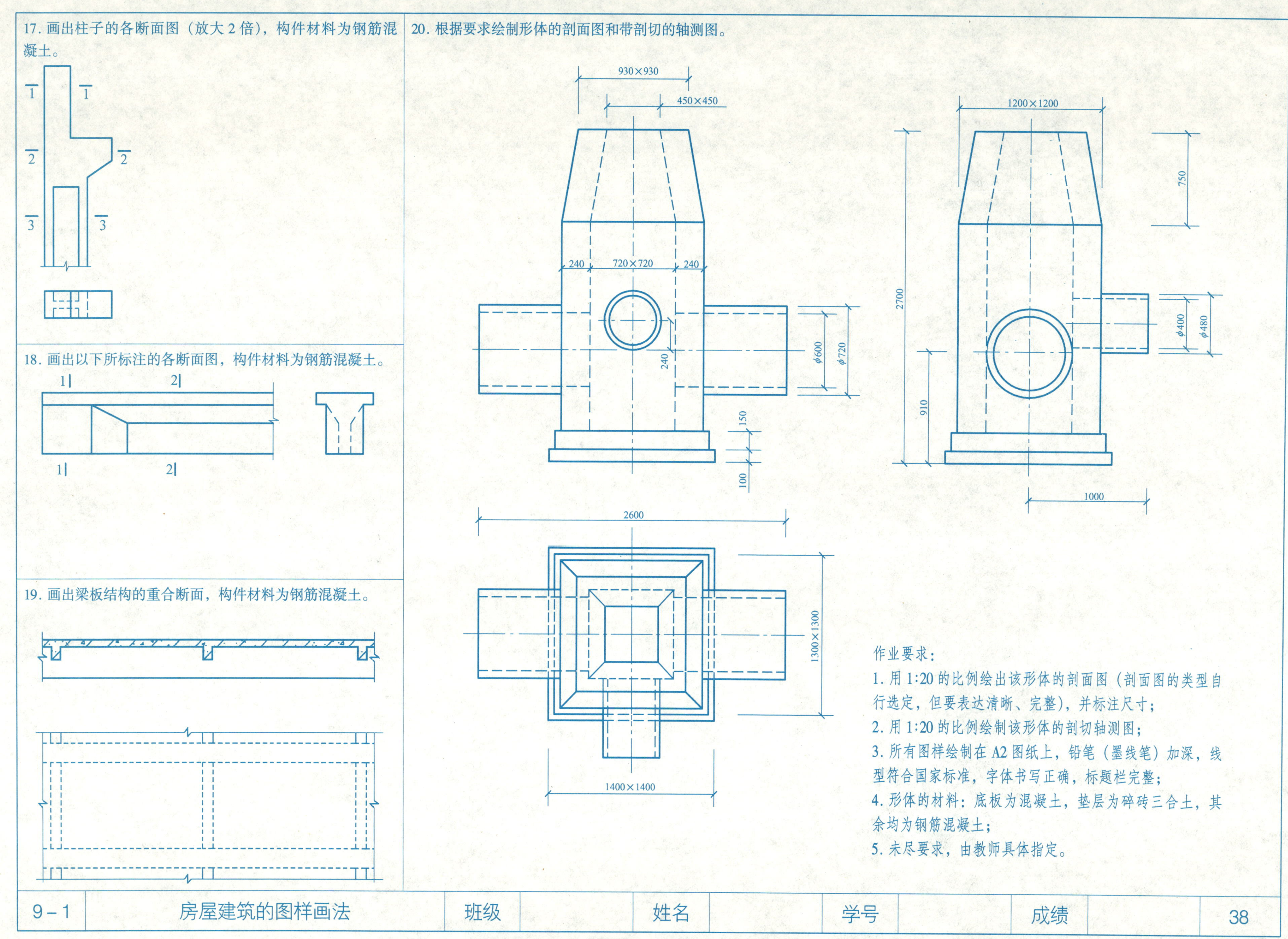
17. 画出柱子的各断面图（放大 2 倍），构件材料为钢筋混凝土。
18. 画出以下所标注的各断面图，构件材料为钢筋混凝土。
19. 画出梁板结构的重合断面，构件材料为钢筋混凝土。
20. 根据要求绘制形体的剖面图和带剖切的轴测图。
930×930
450×450
240
720×720
240
1200×1200
750
2700
910
ϕ400
ϕ480
ϕ600
ϕ720
240
150
100
1000
2600
1300×1300
1400×1400
作业要求：
1. 用 1:20 的比例绘出该形体的剖面图（剖面图的类型自行选定，但要表达清晰、完整），并标注尺寸；
2. 用 1:20 的比例绘制该形体的剖切轴测图；
3. 所有图样绘制在 A2 图纸上，铅笔（墨线笔）加深，线型符合国家标准，字体书写正确，标题栏完整；
4. 形体的材料：底板为混凝土，垫层为碎砖三合土，其余均为钢筋混凝土；
5. 未尽要求，由教师具体指定。
9－1
房屋建筑的图样画法
班级
姓名
学号
成绩

一、建筑施工图练习题

1. 填空题：

(1) 各种不同功能的房屋建筑，一般都是由________、________、________、________、________、________等基本部分所组成。

(2) 施工图由于专业分工的不同，可分为________图、________图、________图。

(3) 定位轴线端部圆的直径应为________ mm，用________线绘制。横向定位轴线编号应用________从________至________顺序编写，竖向编号应用________从________至________顺序编写。

(4) 建筑总平面图是反映一定范围内________、________、________、________的建筑物及其所处周围环境、地形地貌、道路绿化等情况的水平投影图。

(5) 标高数字应以________为单位。标高分为________标高和________标高。其中________标高是以青岛附近的黄海平均海平面为零点，以此为基准的标高；________标高是以建筑物室内底层主要地坪为零点，以此为基准点的标高。

(6) 索引符号圆的直径为________ mm，用________线绘制。详图符号圆的直径为________ mm，用________线绘制。

(7) 指北针圆的直径宜为________ mm，用________线绘制；指针尾部的宽度宜为________ mm。

(8) 风向频率玫瑰图用来表示该地区常年的风向频率和房屋的朝向。风的吹向是指从________吹向________，有箭头的方向为北向。________线表示全年风向频率，________线表示按 6、7、8 三个月统计的夏季风向频率。

(9) 建筑平面图中的外部尺寸共有三道，由外至内，第一道表示建筑总长、总宽的外形尺寸，称为________尺寸；第二道为墙柱中心轴线间的尺寸，称为________尺寸；第三道主要用来表示门、窗洞口的宽度和定位尺寸，称为________尺寸。

(10) 楼梯通常由________、________、________三部分组成。楼梯详图一般包括________图、________图和________图。

(11) 在建筑施工图中，代号 M 表示________、C 表示________、TLM 表示________。

2. 选择题：

(1) 绘制建筑平面图、立面图、剖面图通常采用的比例是（　　）。

A. 1:50、1:100　B. 1:20、1:50　C. 1:200、1:500

(2) 轴线编号 $\frac{3}{2}$（圆圈内）表示（　　）。

A. 3 号轴线后附加的第 2 根轴线

B. 2 号轴线后附加的第 3 根轴线

C. 2 号轴线前附加的第 3 根轴线

(3) 索引符号 $\frac{4}{5}$（圆圈内）表示（　　）。

A. 详图画在第 4 张图纸上，编号为 5

B. 详图画在本张图纸上，编号为 4

C. 详图画在第 5 张图纸上，编号为 4

(4) 二层建筑平面图的水平剖切平面位置在（　　）。

A. 二层窗台的上方、经过门窗洞口

B. 二层楼面上、窗台下

C. 二层楼面处

(5) 在绘制建筑立面图时，为了加强图面效果，使外形清晰、重点突出和层次分明，按要求室外地坪线应用（　　）绘制；房屋立面的外包轮廓线用（　　）绘制；在外包轮廓线之内的凹进或凸出墙面的轮廓线用（　　）绘制；门窗扇、栏杆、雨水管和墙面分格线等用（　　）绘制。

A. 粗实线、粗实线、中实线、细实线

B. 特粗实线、粗实线、中实线、细实线

C. 特粗实线、粗实线、细实线、细实线

3. 简答题：

(1) 简述建筑平面图的形成和作用。建筑平面图的图示内容有哪些？

(2) 简述建筑立面图的形成和作用。

(3) 简述建筑立面图中的主要标高标注位置。

(4) 简述建筑剖面图的形成和作用。

(5) 如何选择剖面图的剖切位置？剖切符号由哪几部分组成？

二、房屋平面图、立面图、剖面图练习

根据某单位传达室的直观图，分别完成传达室的平面图、立面图和剖面图，绘图比例为 1∶100。

要求：

1. 图面摆放整齐、投影关系正确。

2. 画图时需按照图中所给尺寸按指定比例画图，不可在立体图中直接量取。

3. 绘图时严格遵守《房屋建筑制图统一标准》和《建筑制图标准》的各项有关规定。

4. 建议粗实线的线宽 b 采用 0.7～0.9mm，其余各类线型的线宽应符合线宽组规定，同类图线粗细应一致，不同图线应粗细分明。

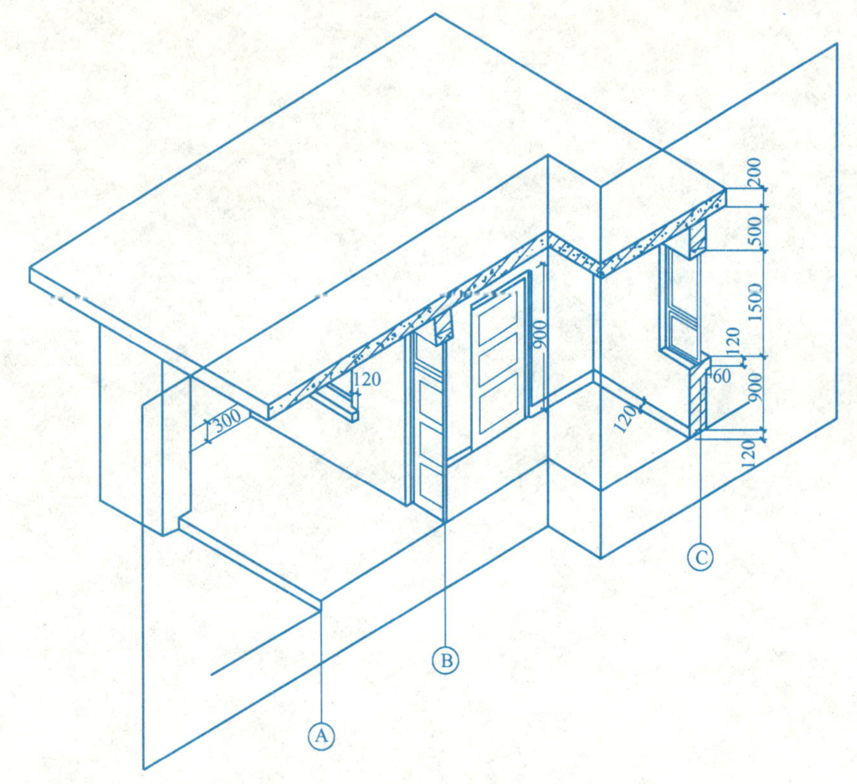

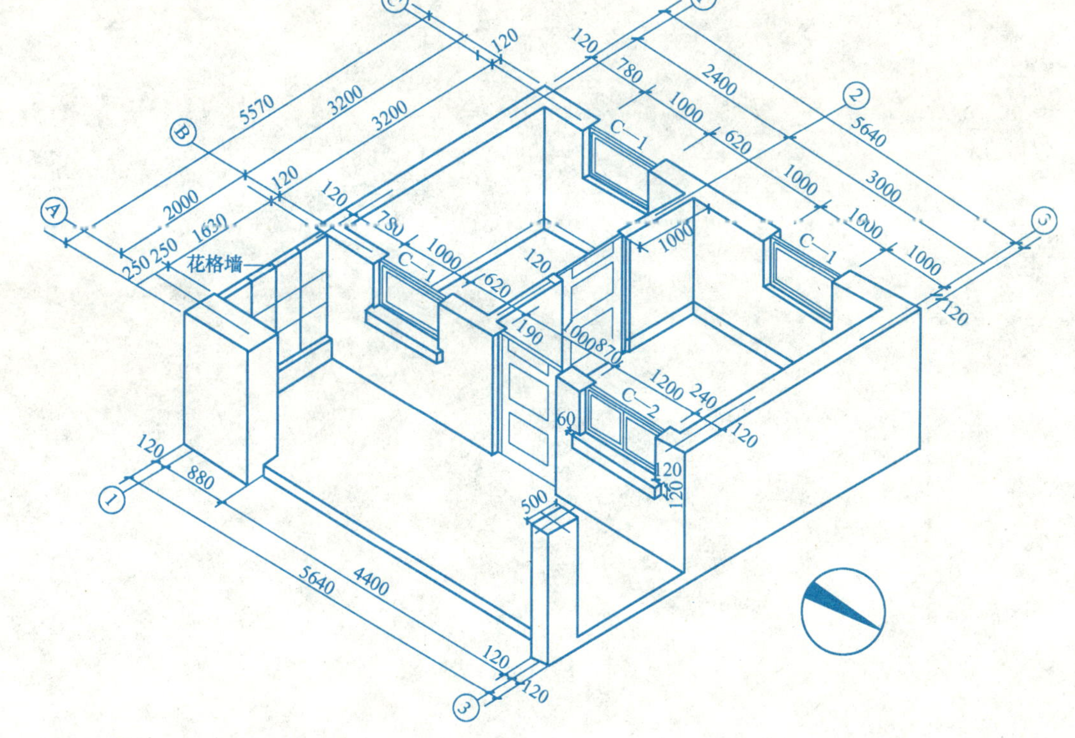

三、建筑施工图练习

1. 补绘建筑平面图作业要求：

（1）加粗右半部分被剖墙体的轮廓线；

（2）补全空缺的定位轴线编号；

（3）补全空缺的轴线尺寸与总尺寸；

（4）标注右半部分各房间的名称（左、右用户房间对称布置）；

（5）标注剩余门窗的代号、编号。

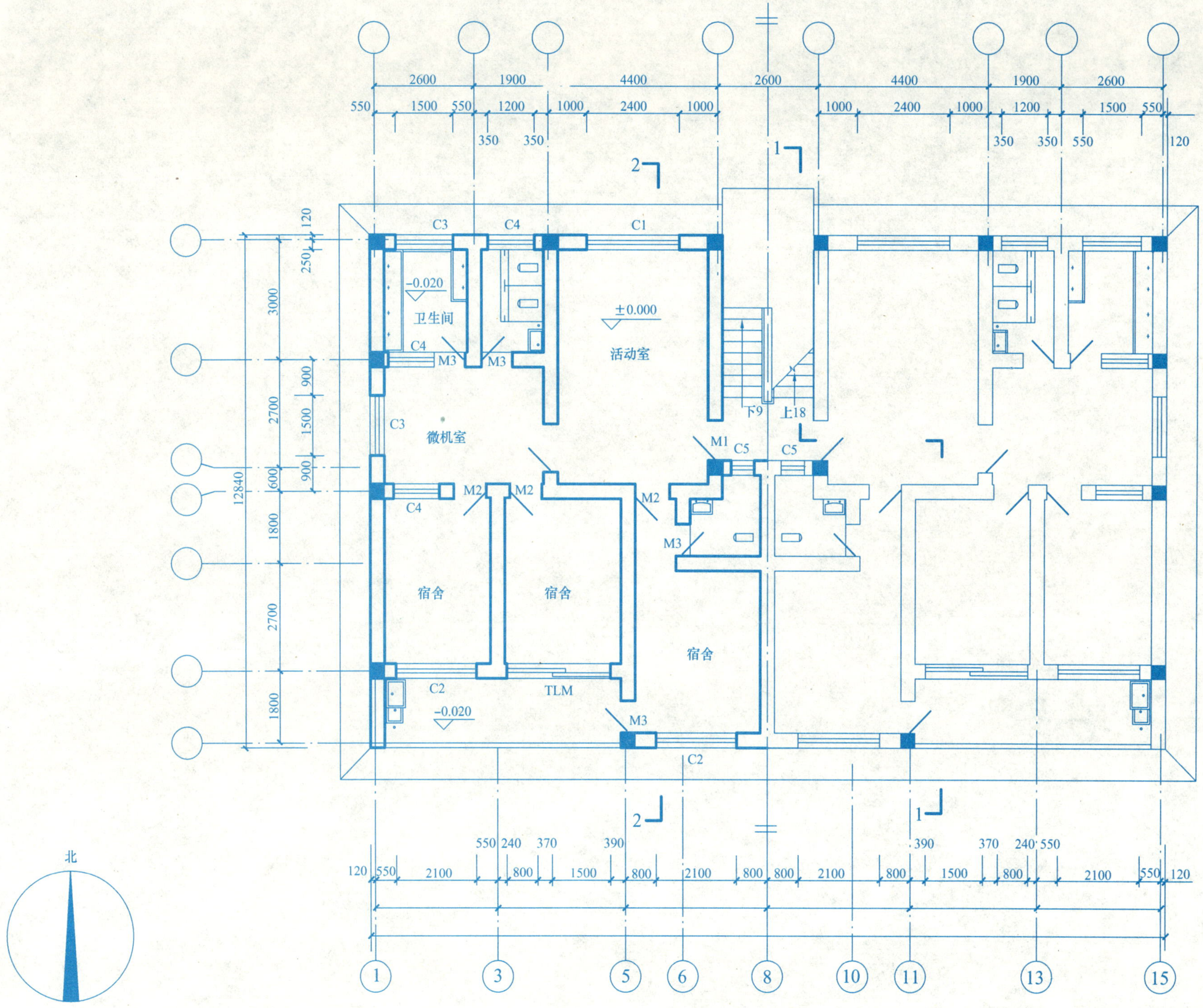

底层平面图 1:100

10－3	建筑平面图练习	班级		姓名		学号		成绩		41

2. 补绘建筑立面图作业要求：

（1）根据所给建筑物的南立面图和部分北立面图，结合第 41 页的平面图，绘制建筑物的北立面图（负一层同南立面图）；

（2）在主要位置进行标高标注；

（3）应注意所绘立面图中粗、中、细实线及特粗实线的区分。

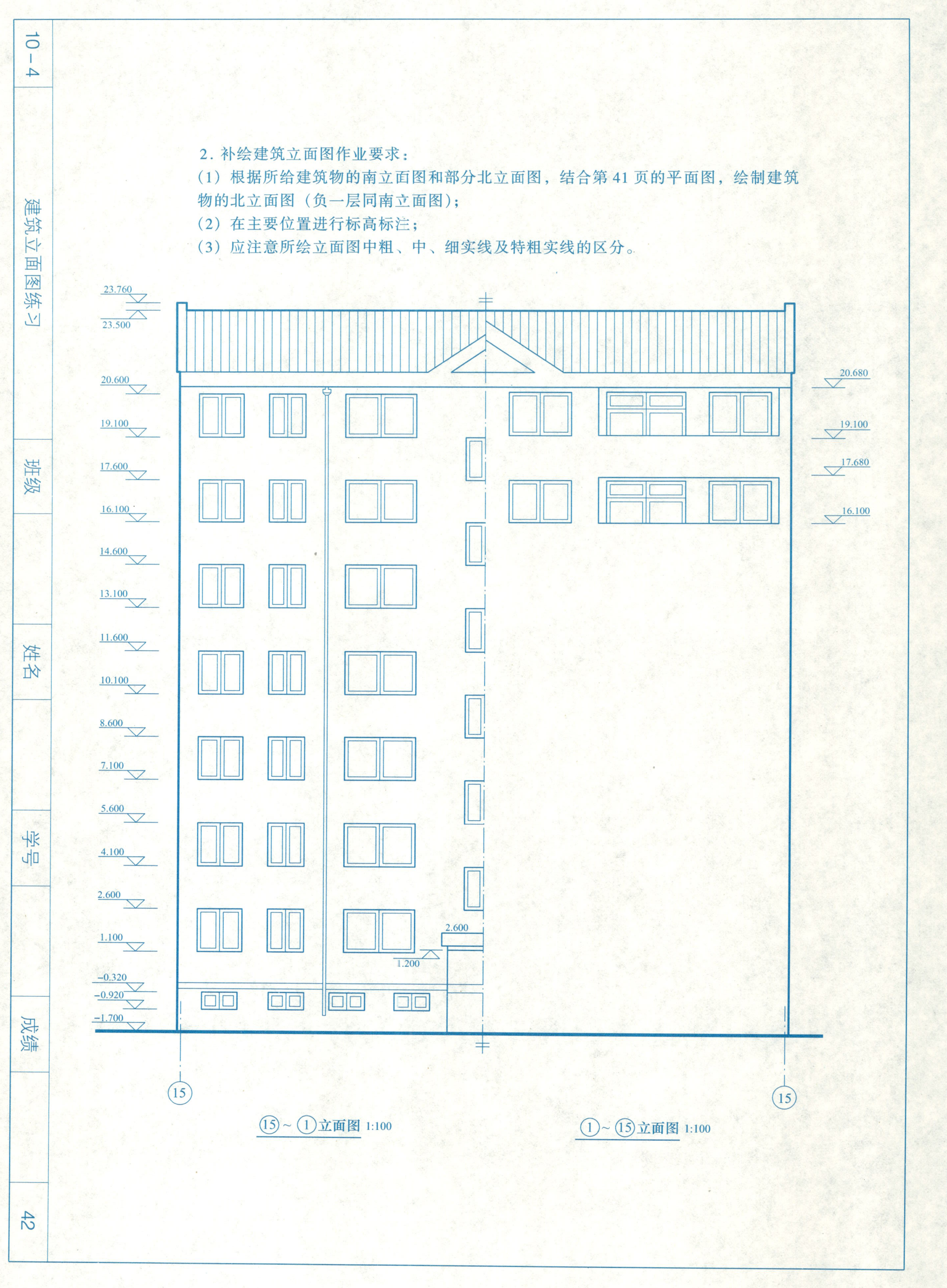

3. 补绘建筑剖面图作业要求：

(1) 根据所给建筑物的 1—1 剖面图，结合第 41 页、42 页的平面图和立面图，绘制 2—2 剖面图；

(2) 注意所绘剖面图应与平面图、立面图保持投影关系的正确性。

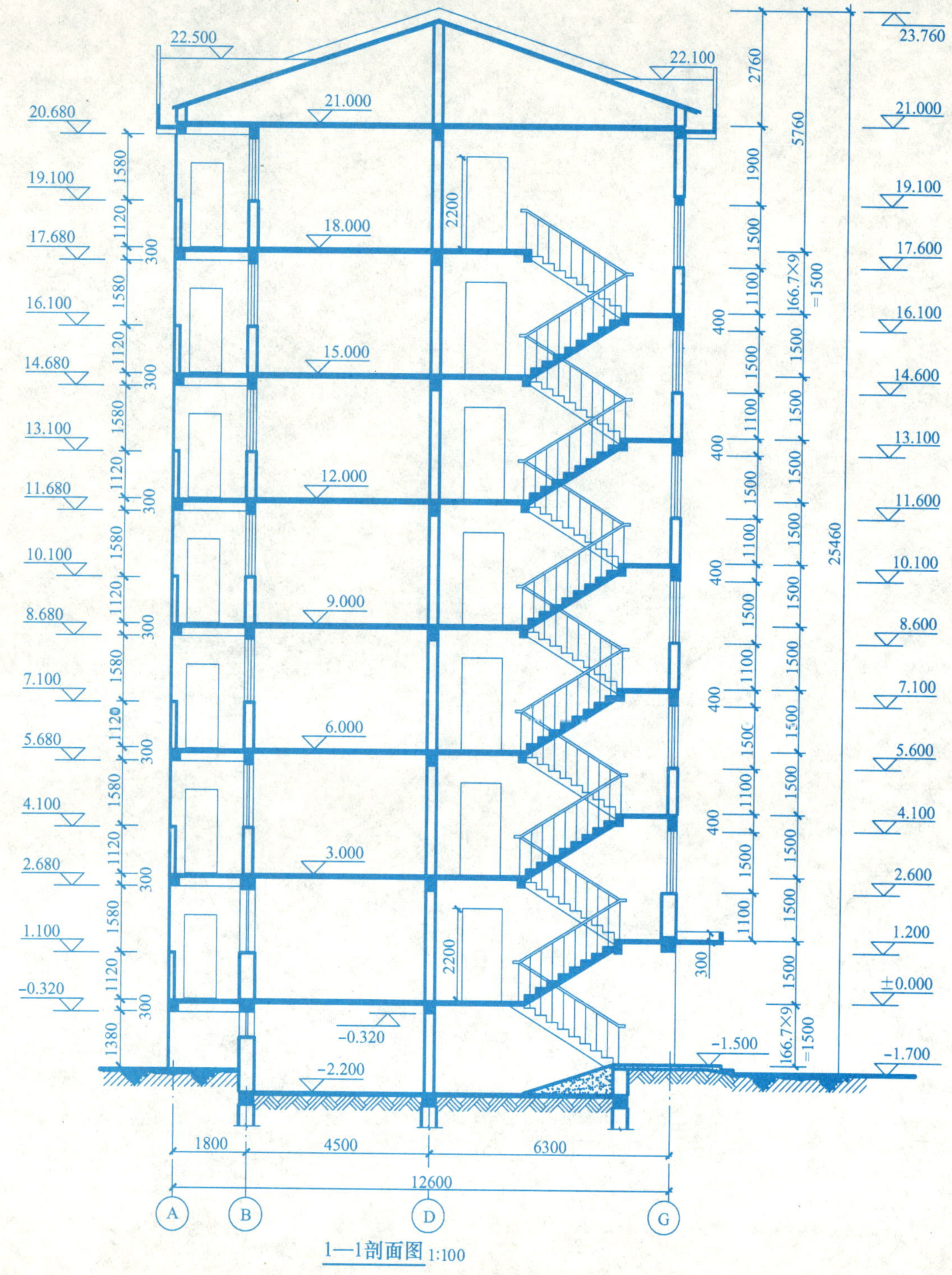

1—1剖面图 1:100

2—2剖面图 1:100

10－5	建筑剖面图练习	班级		姓名		学号		成绩		43

四、楼梯详图练习

根据所给的楼梯平面图补全楼梯剖面图。

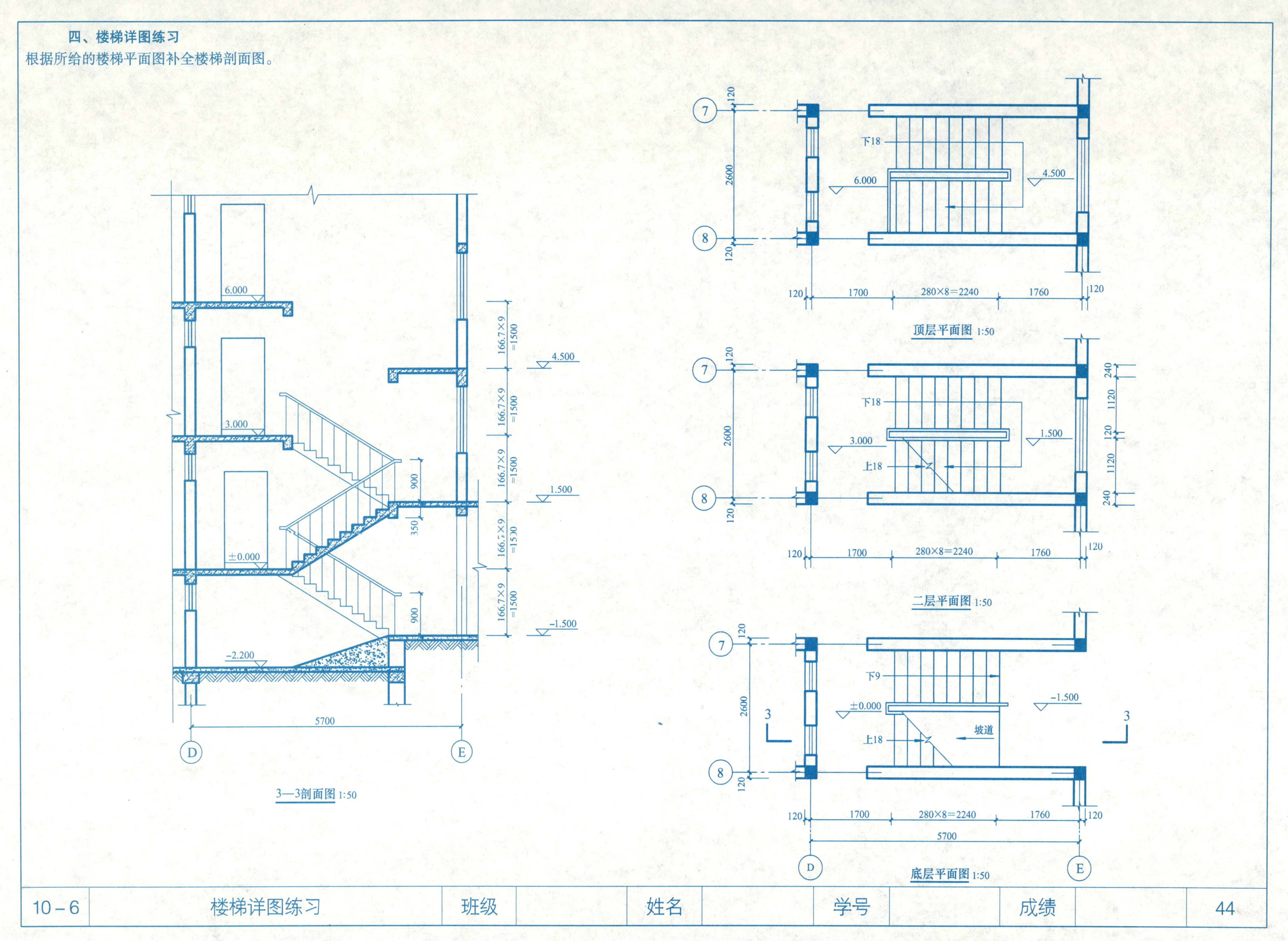

3—3剖面图 1:50

顶层平面图 1:50

二层平面图 1:50

底层平面图 1:50

10－6	楼梯详图练习	班级		姓名		学号		成绩		44

五、建筑施工图的识读与绘制

1. 目的

（1）熟悉一套别墅建筑施工图的表达内容和图示特点；

（2）掌握别墅建筑平面图、立面图、剖面图和建筑详图的绘制方法和步骤；

2. 识图内容

地下层平面图、一层平面图、二层平面图、屋顶平面图、门窗表；

①—⑫立面图、⑫—①立面图、Ⓐ—Ⓗ立面图；1—1 剖面图、2—2 剖面图；

楼梯详图、檐口详图、窗楣详图、窗台详图；

3. 绘图内容

（1）抄绘一层平面图、①—⑫立面图、1—1 剖面图，比例如图中所示；

（2）抄绘楼梯详图（包括楼梯平面图、楼梯剖面图和楼梯节点详图）；

（3）或由任课教师指定抄绘内容。

4. 要求

（1）抄绘之前，应先仔细阅读该别墅建筑施工图；

（2）严格遵守《房屋建筑制图统一标准》和《建筑制图标准》的各项有关规定；

（3）建议线宽：b 用 0.7 ~ 0.9mm，其余各类线型的线宽应符合线宽组规定，同类图线粗细应一致，不同图线应粗细分明；

（4）汉字书写前应先打格，图名字高建议 10mm，图中汉字字高建议 5 ~ 7mm，数字、字母字高建议 3.5 ~ 5mm；

5. 说明

图中尺寸不详之处，请参阅有关大样图或由教师指定。

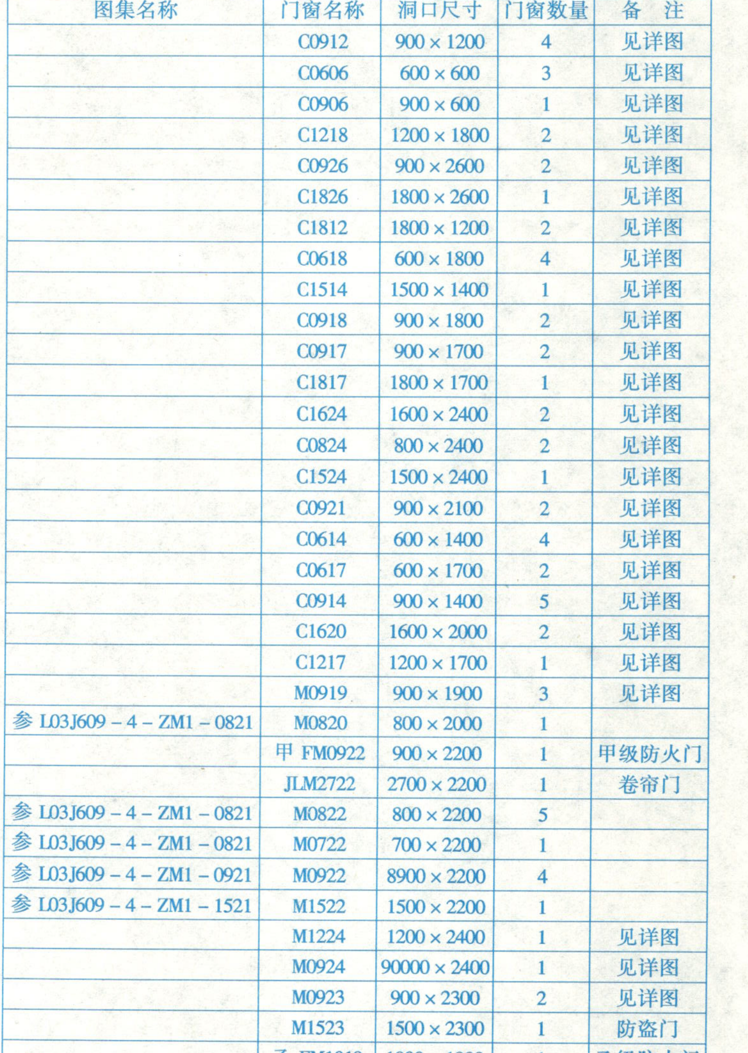

图集名称	门窗名称	洞口尺寸	门窗数量	备 注
	C0912	900 × 1200	4	见详图
	C0606	600 × 600	3	见详图
	C0906	900 × 600	1	见详图
	C1218	1200 × 1800	2	见详图
	C0926	900 × 2600	2	见详图
	C1826	1800 × 2600	1	见详图
	C1812	1800 × 1200	2	见详图
	C0618	600 × 1800	4	见详图
	C1514	1500 × 1400	1	见详图
	C0918	900 × 1800	2	见详图
	C0917	900 × 1700	2	见详图
	C1817	1800 × 1700	1	见详图
	C1624	1600 × 2400	2	见详图
	C0824	800 × 2400	2	见详图
	C1524	1500 × 2400	1	见详图
	C0921	900 × 2100	2	见详图
	C0614	600 × 1400	4	见详图
	C0617	600 × 1700	2	见详图
	C0914	900 × 1400	5	见详图
	C1620	1600 × 2000	2	见详图
	C1217	1200 × 1700	1	见详图
	M0919	900 × 1900	3	见详图
参 L03J609 – 4 – ZM1 – 0821	M0820	800 × 2000	1	
	甲 FM0922	900 × 2200	1	甲级防火门
	JLM2722	2700 × 2200	1	卷帘门
参 L03J609 – 4 – ZM1 – 0821	M0822	800 × 2200	5	
参 L03J609 – 4 – ZM1 – 0821	M0722	700 × 2200	1	
参 L03J609 – 4 – ZM1 – 0921	M0922	8900 × 2200	4	
参 L03J609 – 4 – ZM1 – 1521	M1522	1500 × 2200	1	
	M1224	1200 × 2400	1	见详图
	M0924	90000 × 2400	1	见详图
	M0923	900 × 2300	2	见详图
	M1523	1500 × 2300	1	防盗门
	乙 FM1019	1000 × 1900	1	乙级防火门

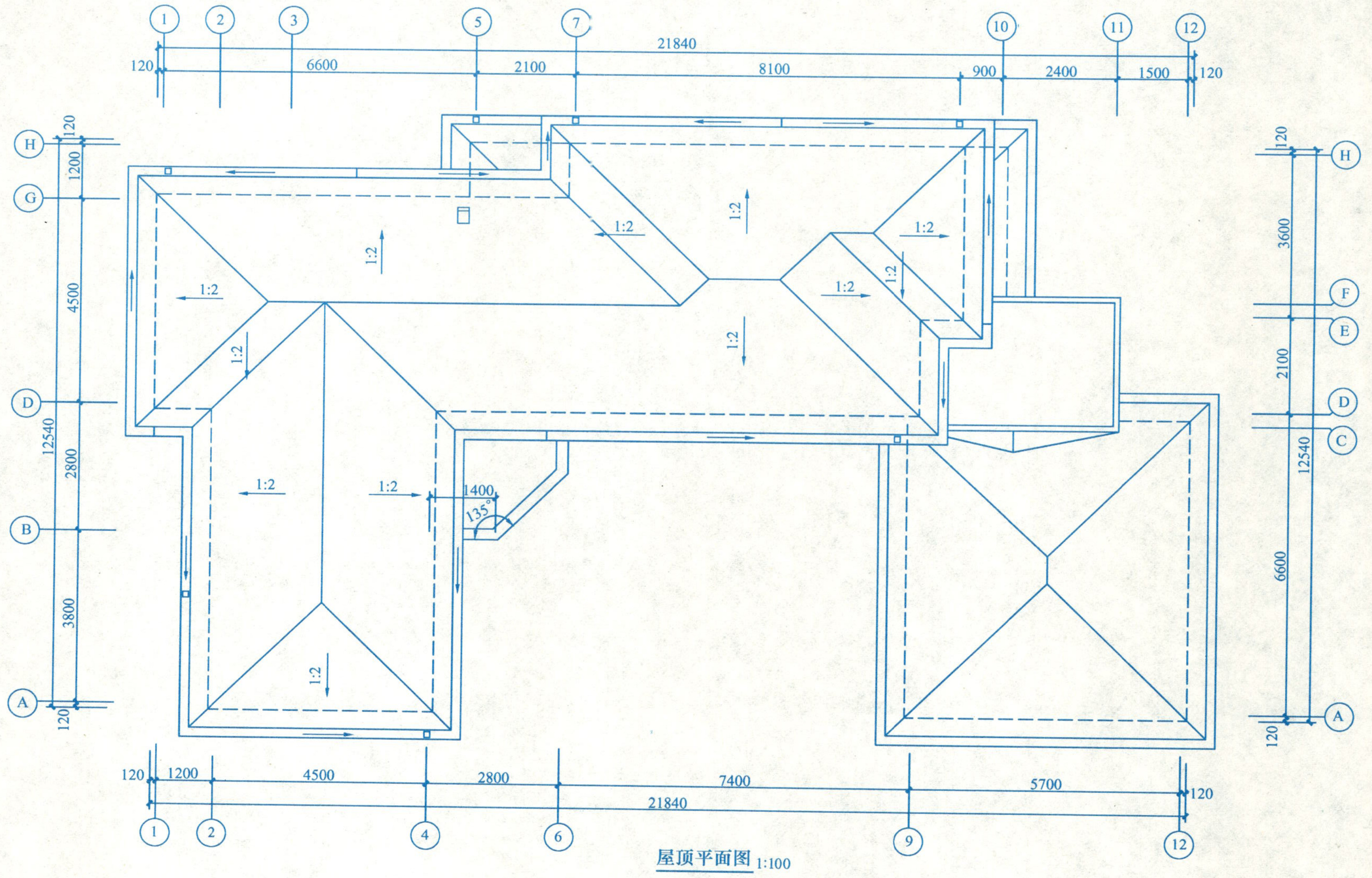

屋顶平面图 1:100

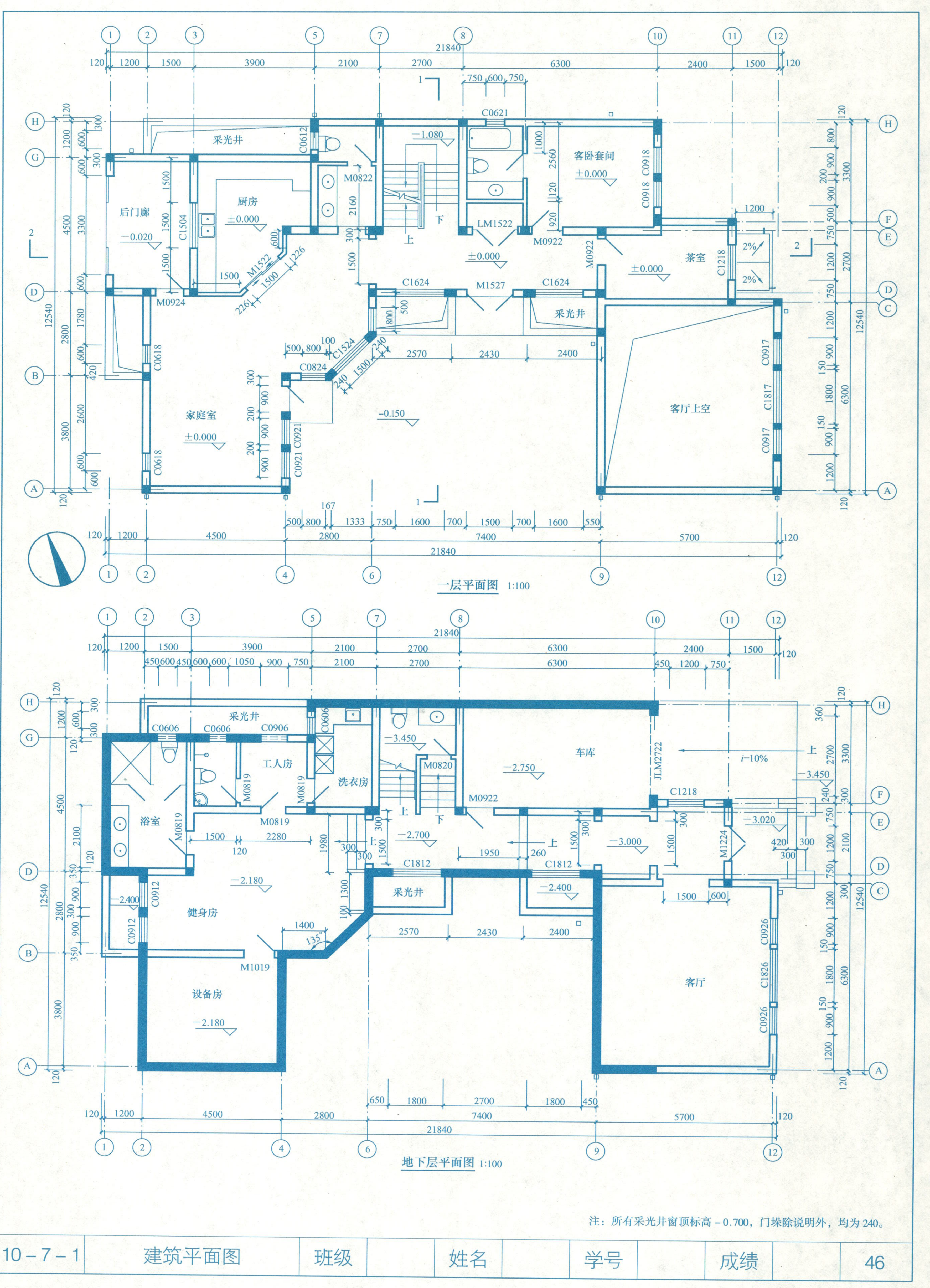

10－7－1	建筑平面图	班级		姓名		学号		成绩		46

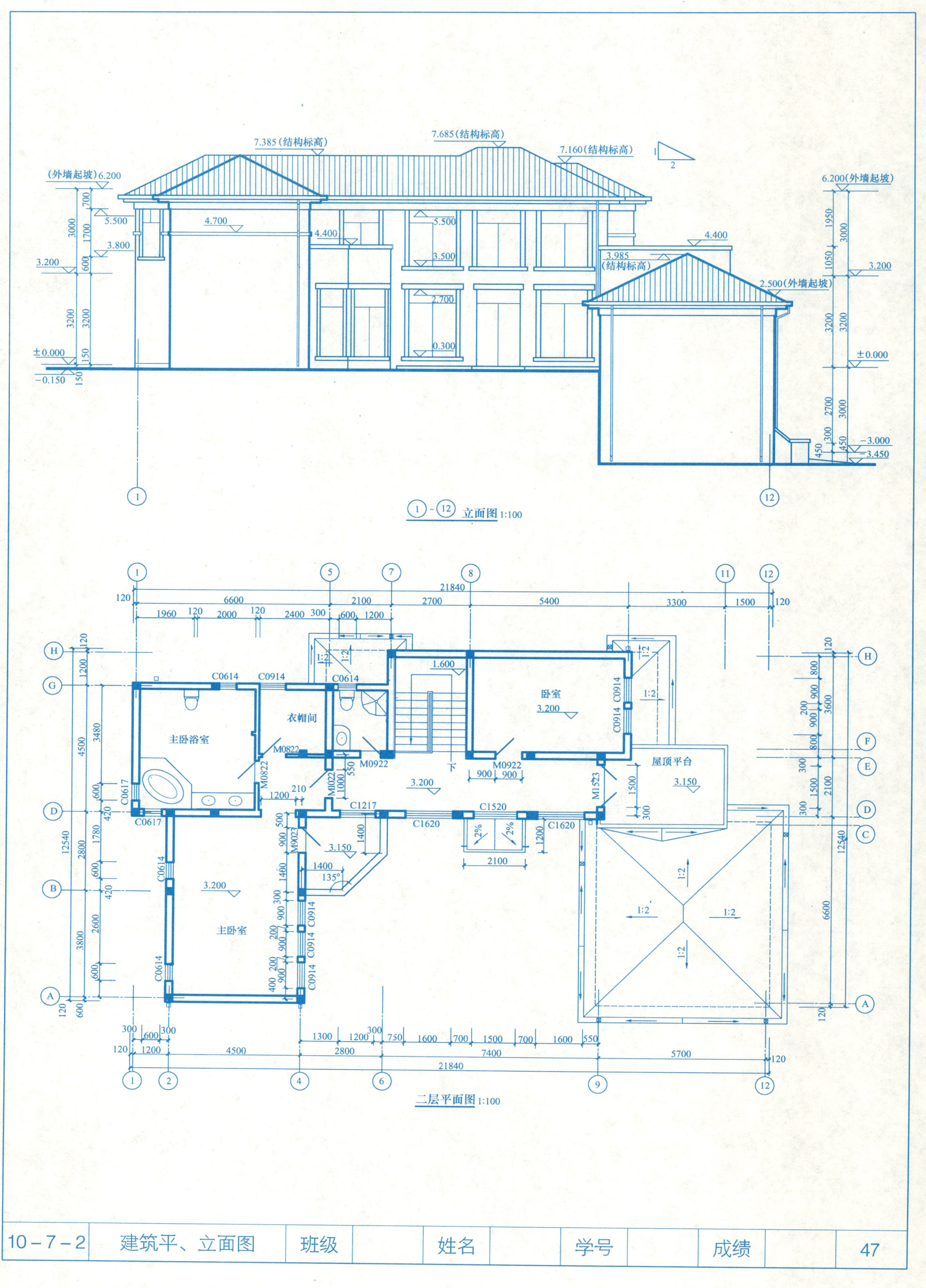

7.385(结构标高)
7.685(结构标高)
7.160(结构标高)
(外墙起坡)6.200
6.200(外墙起坡)
3.985
(结构标高)
2.500(外墙起坡)
主卧浴室
衣帽间
卧室
屋顶平台
主卧室
①~⑫立面图 1:100
二层平面图 1:100
10－7－2
建筑平、立面图
班级
姓名
学号
成绩
47

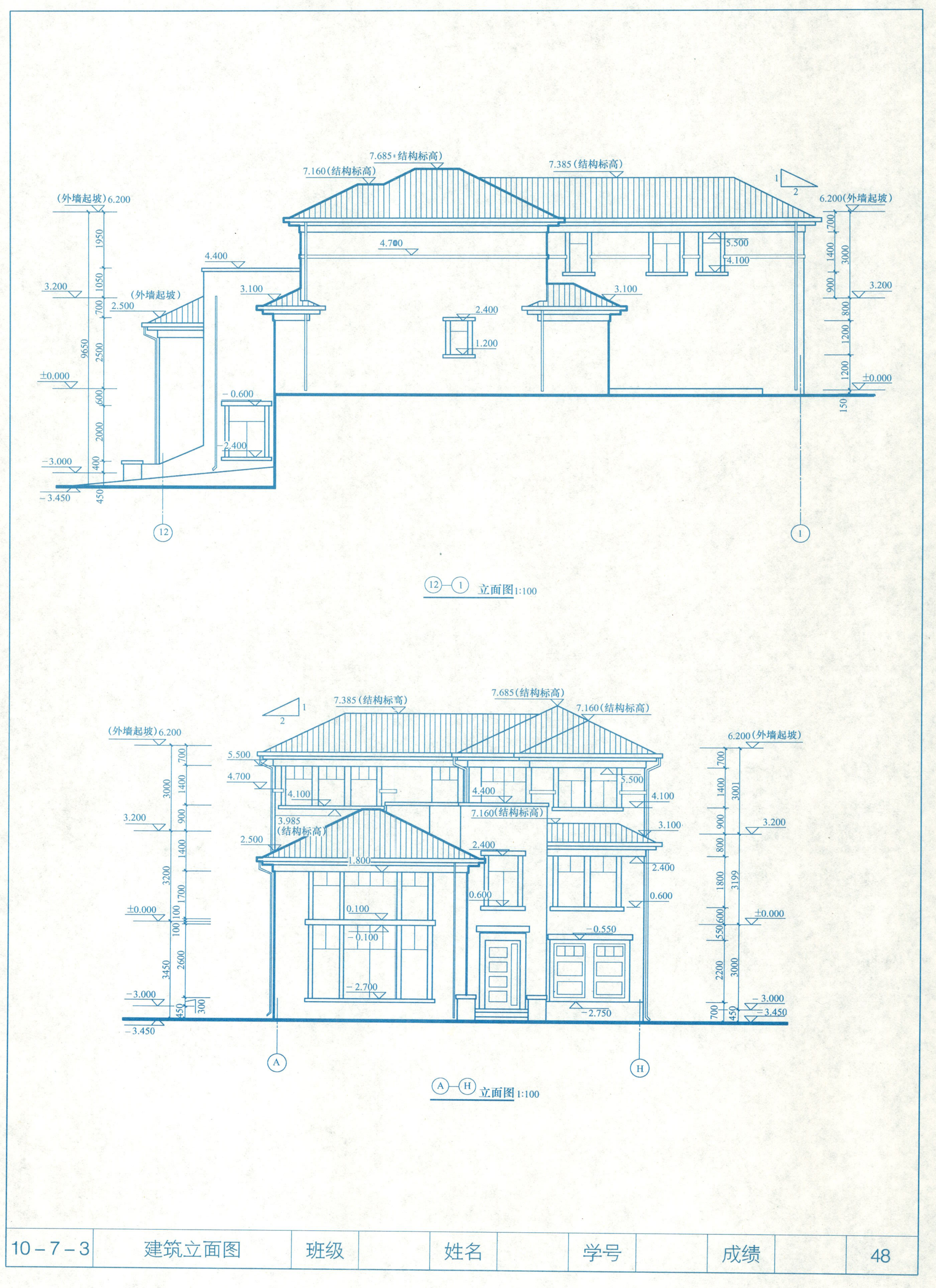

10-7-3	建筑立面图	班级		姓名		学号		成绩		48

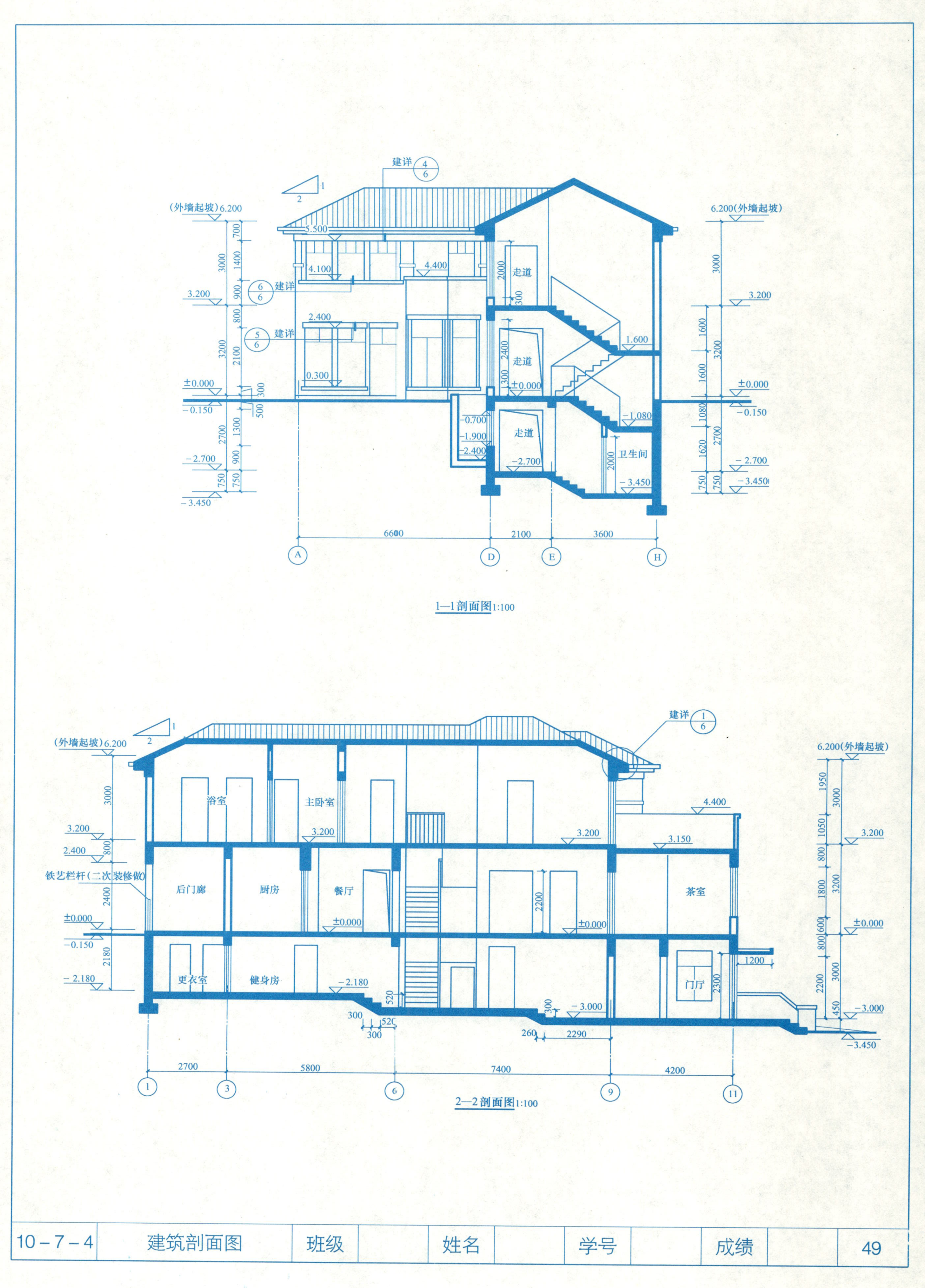

1—1剖面图1:100

2—2剖面图1:100

10-7-4	建筑剖面图	班级		姓名		学号		成绩		49

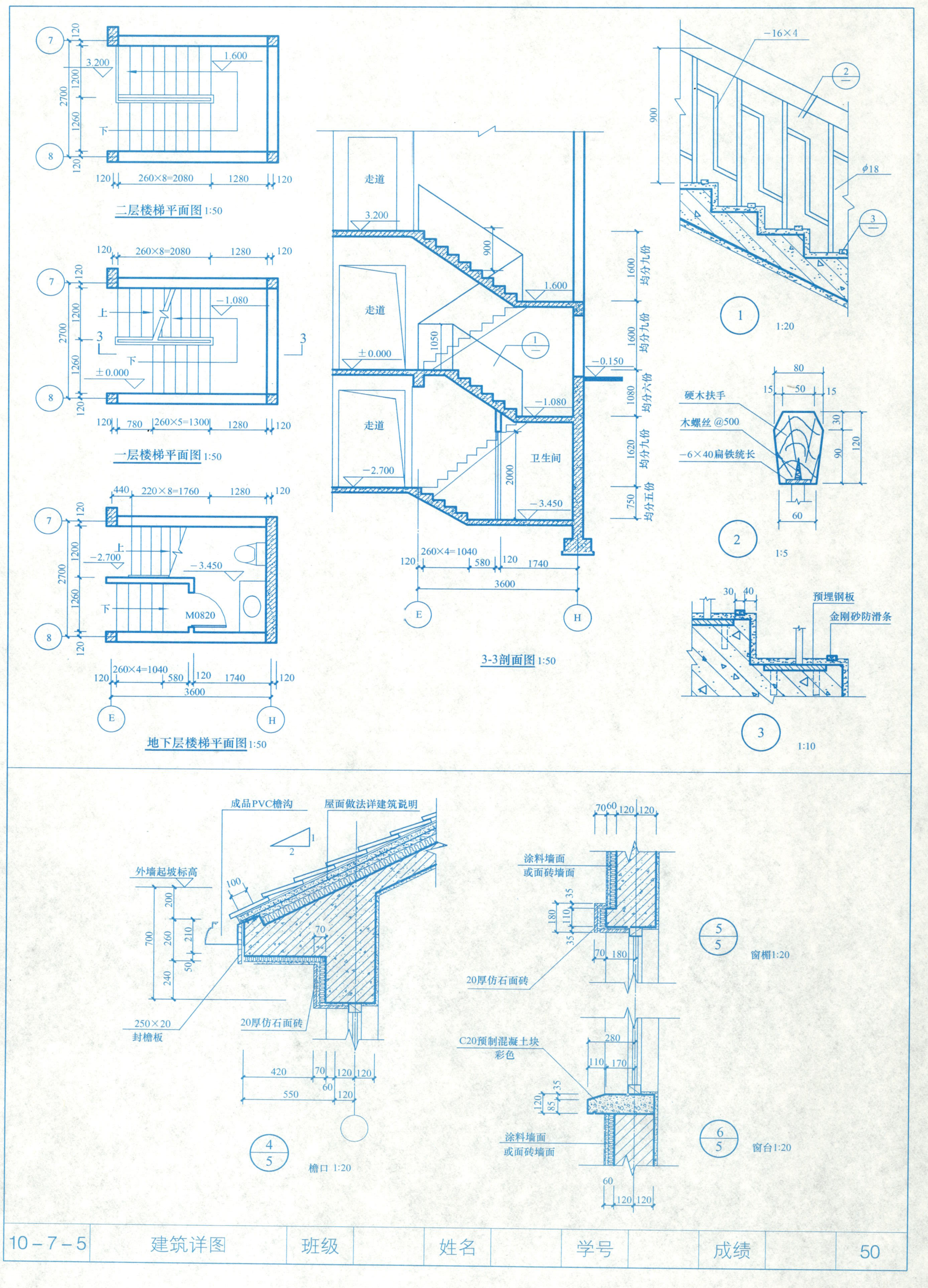

10－7－5	建筑详图	班级		姓名		学号		成绩		50

六、《建筑制图》总结作业指导书——由设计方案图绘制建筑施工图

1. 总结作业的目的

在已学习和抄绘了建筑施工图的基础上，根据施工图的要求，进一步练习绘制建筑平、立、剖面图的方法与技能，培养学生独立思考和查阅参考资料的能力，熟悉建筑制图标准，了解住宅建筑的构造要求，体验建筑施工图的设计过程。

2. 设计方案图的选用

（1）可从本习题集第 52 页给定的两个住宅建筑方案图中选定一个方案图；

（2）可由指导教师另外给出 3 ~ 5 个住宅建筑方案图，供学生选用；

（3）可在教师的指导下，通过调查研究，搜集资料，进行构思，自行设计住宅建筑方案图。

3. 图幅和图名：

A2 图纸一张，× ×住宅平、立、剖面图。

4. 作业要求：

（1）投影关系正确，构造基本合理；

（2）线条清晰光滑，线宽分明，用法准确，字体书写工整，符合建筑制图标准要求；

（3）尺寸标注满足建筑施工图的要求：平面图中除标注外部三道尺寸外，还要标注各楼地面标高，并注明各房间名称（内部尺寸可暂不做标注或做部分标注）；立面图应标注外部标高；剖面图除要标注外部尺寸和标高外，还要标注内部标高和尺寸；

（4）合理布局图面，并保持图面整洁。

5. 作业内容：

（1）绘制底层平面图、正立面图、侧立面图、1—1 剖面图，比例为 1:100。

（2）图面布置参考如下图：

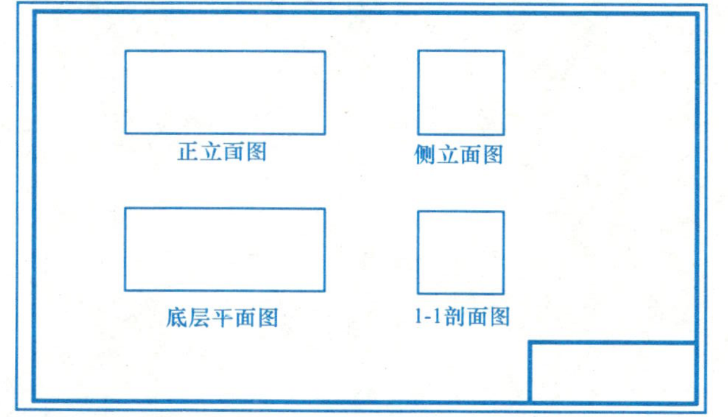

6. 几点构造说明：

（1）门窗参考尺寸：

	进户门	卧室门	厨房门	厕所门	南外窗	北外窗	厨房窗	厕所窗
宽度	900	900	800	900	1500（1800）	1200（1500、1800）	1200（1500）	600
高度	2000	2000	2000	2000	1500（1800）	1500（1800）	1500	1500
窗台高度					900			

（2）阳台外挑：1100 ~ 1500mm

（3）女儿墙、天沟、阳台、屋面、雨棚等处的构造，请参阅下列书籍：

①本地区有关省市建筑配件通用图集及住宅建筑配件图集；

②房屋建筑学和房屋构造（教材）；

③住宅建筑设计原理（教材）；

④建筑设计资料集；

⑤房屋建筑制图统一标准（GB/T 50001—2001）；

⑥住宅设计规范。

（4）正立面要求：优美、简洁、大方（层数为 3 ~ 5 层）；

（5）剖面图要求剖切平面必须通过门、窗洞等构造复杂而典型的部位。

7. 作业时间：

（1）课外观察了解、搜集资料、设计思考、绘制草图、充分做好准备工作；

（2）大作业完成时间 1 ~ 3 周。

8. 住宅建筑方案图

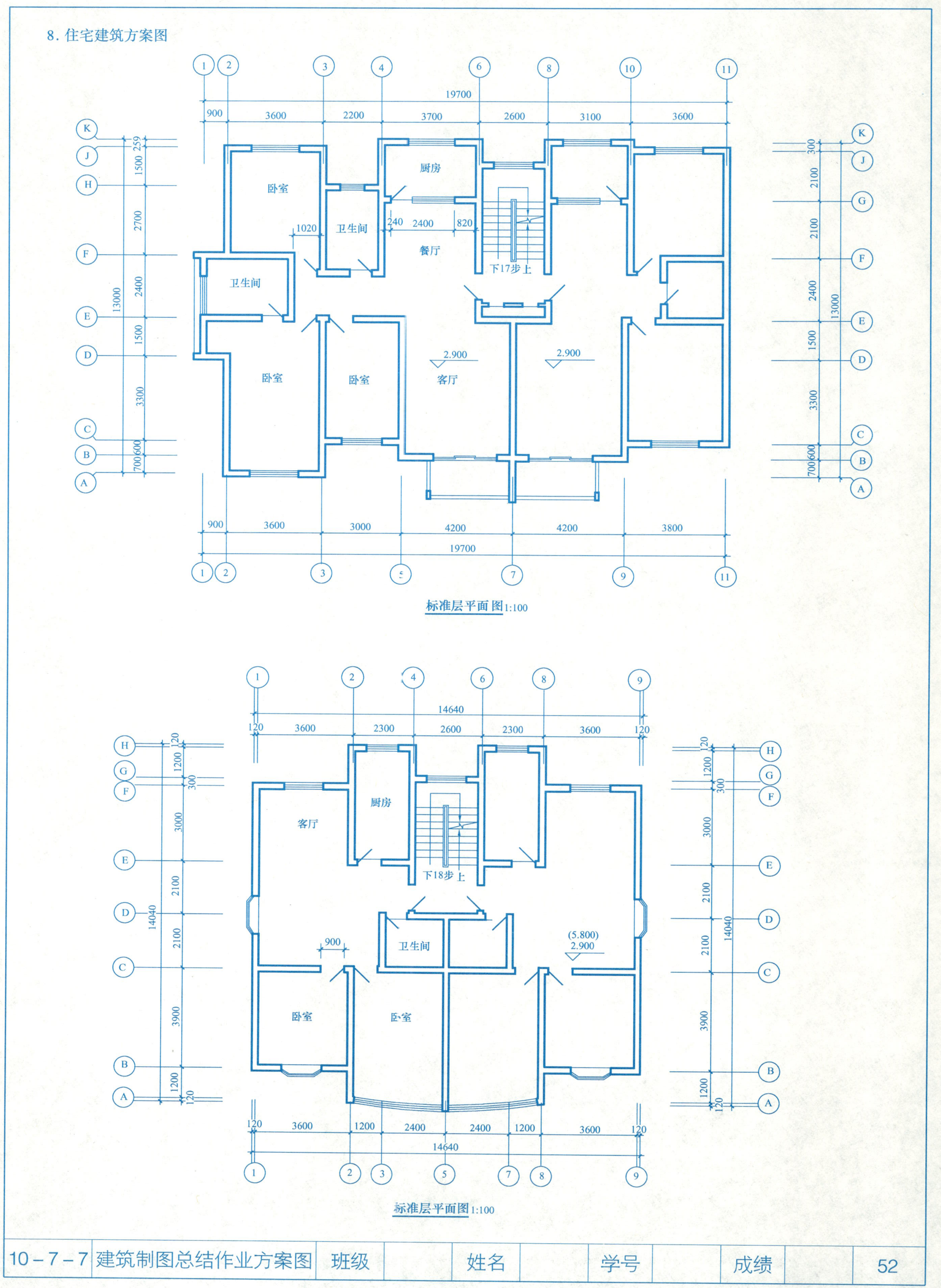

10－7－7 建筑制图总结作业方案图	班级		姓名		学号		成绩		52

一、结构施工图练习题

1. 填空题：

（1）钢筋混凝土构件由________和________两种材料组成。混凝土是由________、________、________和________按一定的比例拌合硬化而成。

（2）配置在钢筋混凝土构件中的钢筋，按其作用可分为________、________、________、________。

（3）为了保护钢筋、防腐蚀、防火以及加强钢筋与混凝土的粘结力，在构件中钢筋外边缘至构件表面之间应留有一定厚度的________。

（4）为了使钢筋和混凝土具有良好的粘结力，避免钢筋在受拉时滑动，应在光圆钢筋的两端设置________。

（5）为了突出表示钢筋的配置情况，在构件结构图中，把钢筋画成________实线，构件的外形轮廓线画成________实线；在构件断面图中，不画材料图例，钢筋用________表示。

（6）在楼层结构平面图中，定位轴线应与________图保持一致。

（7）在结构平面图中配置双层钢筋时，底层钢筋的弯钩应向________或向________画出，顶层钢筋的弯钩则向________或向________画出。

（8）钢筋混凝土构件详图，一般包括________、________、________和________。

（9）基础下部的土壤称为________；为基础施工而开挖的土坑称为________；基坑边线就是放线的________；从室内地面到基础顶面的墙称为________；从室外设计地面到基础底面的垂直距离称为________；基础墙下部做成阶梯形的砌体称为________。

（10）基础平面图的图线要求：剖切到的基础墙轮廓线画成________线，基础底面的轮廓线画成________线，可见的梁画成________线，不可见的梁画成________线；剖切到的钢筋混凝土柱断面，要用________表示。在基础平面图中，应注明基础的________和________尺寸。

（11）楼梯结构详图包括________、________和________。

（12）写出下列常用结构构件的代号名称：Z ________、GL ________、YP ________、KL ________、YT ________。

2. 选择题：

（1）绘制结构平面图通常采用的比例是（　　）。

A. 1:50、1:100　B. 1:20、1:50　C. 1:200、1:500

（2）楼层结构平面图的水平剖切位置在该层的（　　）。

A. 楼面处

B. 窗台上

C. 楼板下

（3）在钢筋混凝土结构图中，符号为Φ的钢筋为（　　）级钢筋。

A. HPB235

B. HRB335

C. RRB400

（4）ϕ10@250 表示钢筋是（　　）钢筋，（　　）是 10mm，（　　）是 250mm。

A. HPB235、半径、中心距

B. HRB335、直径、净距

C. HPB235、直径、中心距

（5）房屋结构施工图应包括（　　）等。

A. 结构设计说明

B. 基础图

C. 装修图

D. 构件详图

E. 楼层结构平面图

3. 简答题：

（1）简述楼层结构平面图的形成、作用和图示内容。

（2）简述钢筋混凝土结构图的图示特点。

（3）简述基础平面图的形成及作用。

二、楼层结构平面图

作业要求：

1. 根据下图所示的现浇楼板配筋断面图，在一层顶板结构平面图的 XB－1 板上补绘出钢筋的平面布置；

2. 补绘完成后，抄绘一层顶板结构平面图。绘图比例如图中所示，图中的钢筋使用粗实线绘制，墙和梁使用中实线或中虚线绘制，尺寸线和引出线使用细实线绘制，定位轴线使用细点画线绘制。

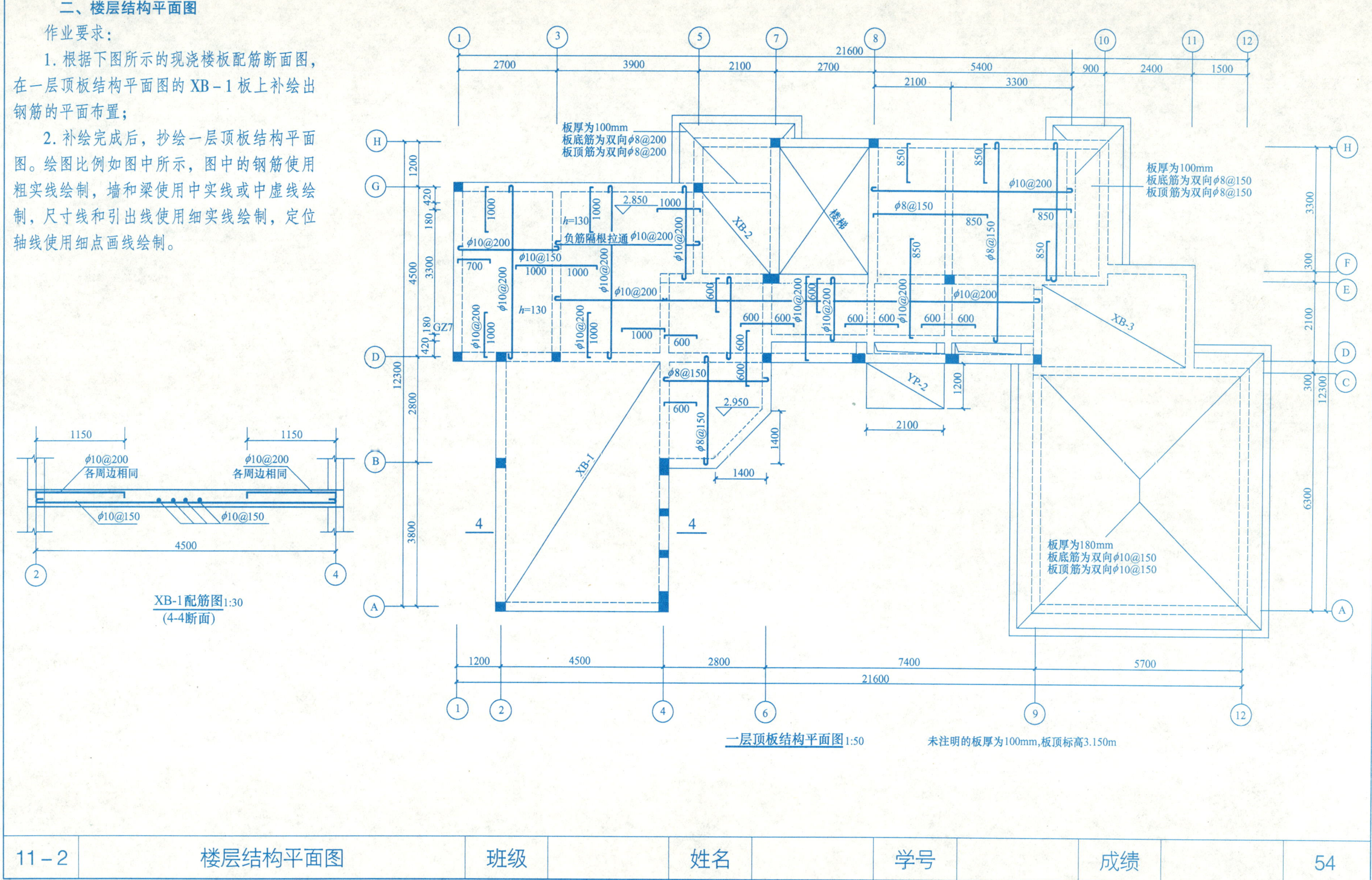

XB-1配筋图1:30
(4-4断面)

一层顶板结构平面图1:50　　未注明的板厚为100mm,板顶标高3.150m

三、钢筋混凝土梁详图

作业要求：1. 根据所给钢筋混凝土梁的立面图和1—1断面图，补绘梁的2—2、3—3断面图。

2. 在梁的立面图的下方绘制钢筋的分离图。

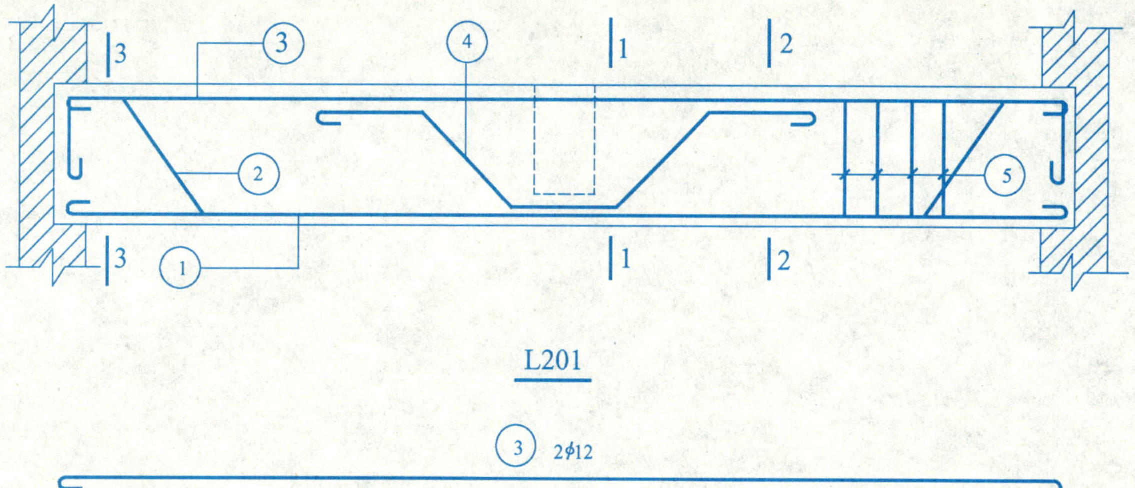

3-3

2-2

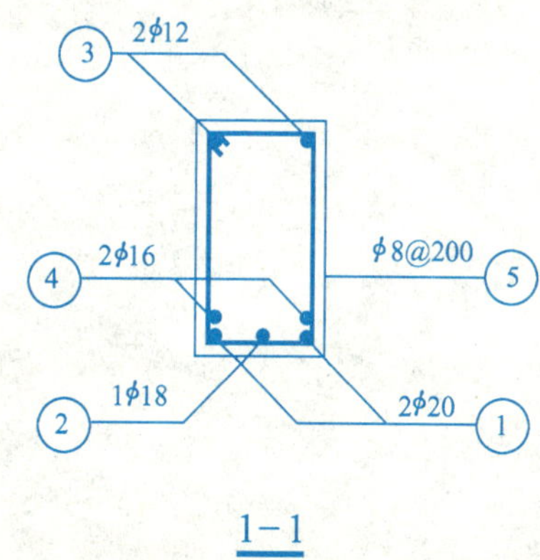

1-1

11-3	钢筋混凝土梁详图	班级		姓名		学号		成绩		55

四、梁平法施工图

作业要求：

1. 识读并抄绘一层顶梁平法施工图。

2. 根据梁平法施工图中的图示内容，在空白处绘出 L4 和 L7 的断面配筋图。

3. 断面图中的钢筋断面用粗圆点绘制，钢筋立面用粗实线绘制，混凝土轮廓线用细实线绘制。

4. 在断面图下方分别用 1—1 和 2—2 标注图名，并在一层顶梁平法施工图中的相应位置绘制剖切符号。

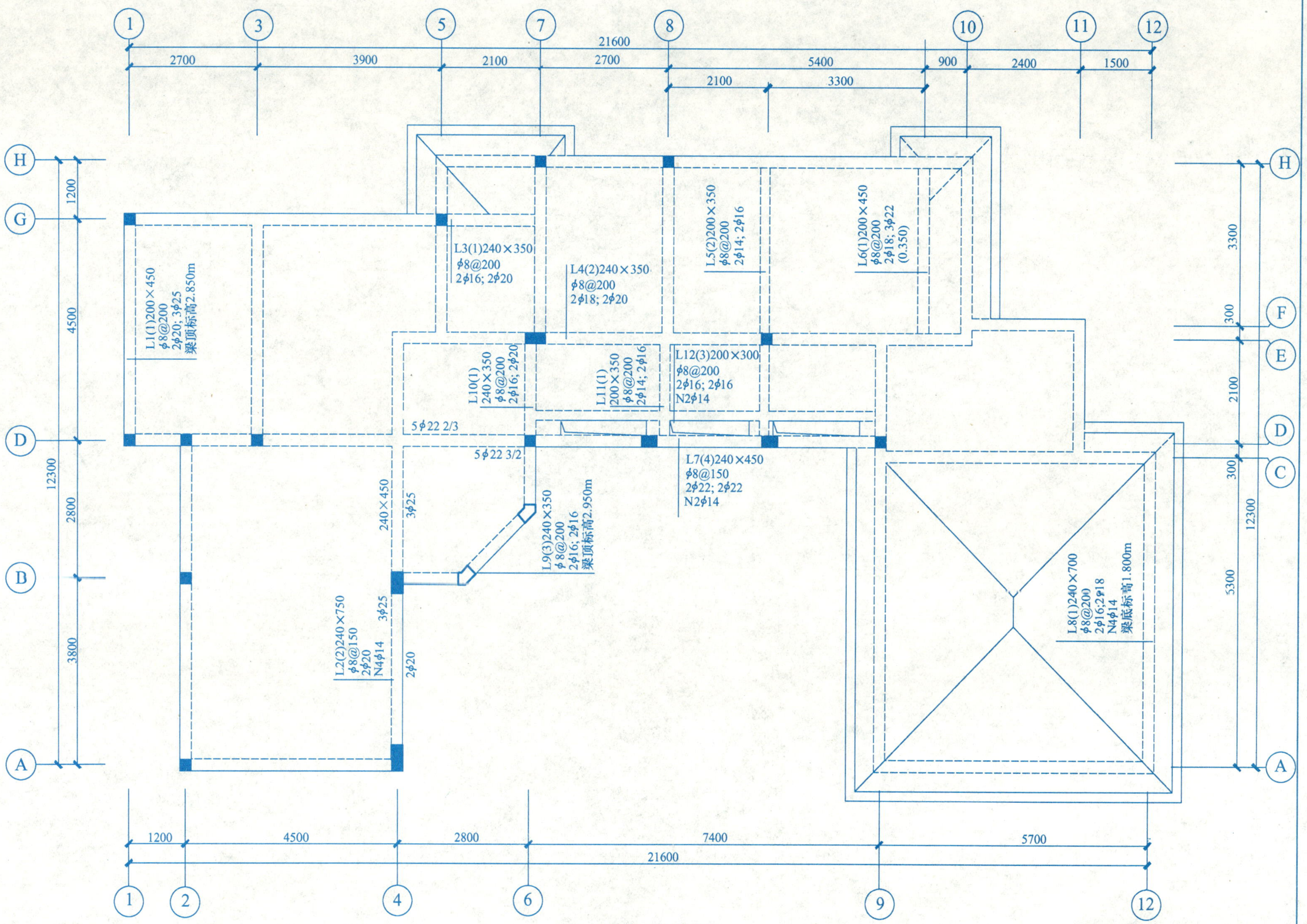

L1(1)200×450
φ8@200
2φ20; 3φ25
梁顶标高2.850m

L3(1)240×350
φ8@200
2φ16; 2φ20

L4(2)240×350
φ8@200
2φ18; 2φ20

L5(2)200×350
φ8@200
2φ14; 2φ16

L6(1)200×450
φ8@200
2φ18; 3φ22
(0.350)

L10(1)
240×350
φ8@200
2φ16; 2φ20

L11(1)
200×350
φ8@200
2φ14; 2φ16

L12(3)200×300
φ8@200
2φ16; 2φ16
N2φ14

5φ22 2/3

5φ22 3/2

L7(4)240×450
φ8@150
2φ22; 2φ22
N2φ14

240×450
3φ25

L9(3)240×350
φ8@200
2φ16; 2φ16
梁顶标高2.950m

L2(2)240×750
φ8@150
2φ20
N4φ14

3φ25

2φ20

L8(1)240×700
φ8@200
2φ16;2φ18
N4φ14
梁底标高1.800m

一层顶梁平法施工图1:50

11－4	现浇钢筋混凝土梁施工图（平法表示）	班级		姓名		学号		成绩		56

五、基础施工图

作业要求：

1. 识读板式基础结构施工图；
2. 抄绘基础平面图和1—1基础断面详图，比例如图中所示；
3. 基础平面图中，剖切到的墙、柱轮廓线用粗实线绘制，投影时看到的基础底板轮廓线用细实线绘制；
4. 基础1—1断面详图中，剖切到的混凝土轮廓线用细实线绘制，钢筋断面用黑圆点绘制，钢筋立面用粗实线绘制。

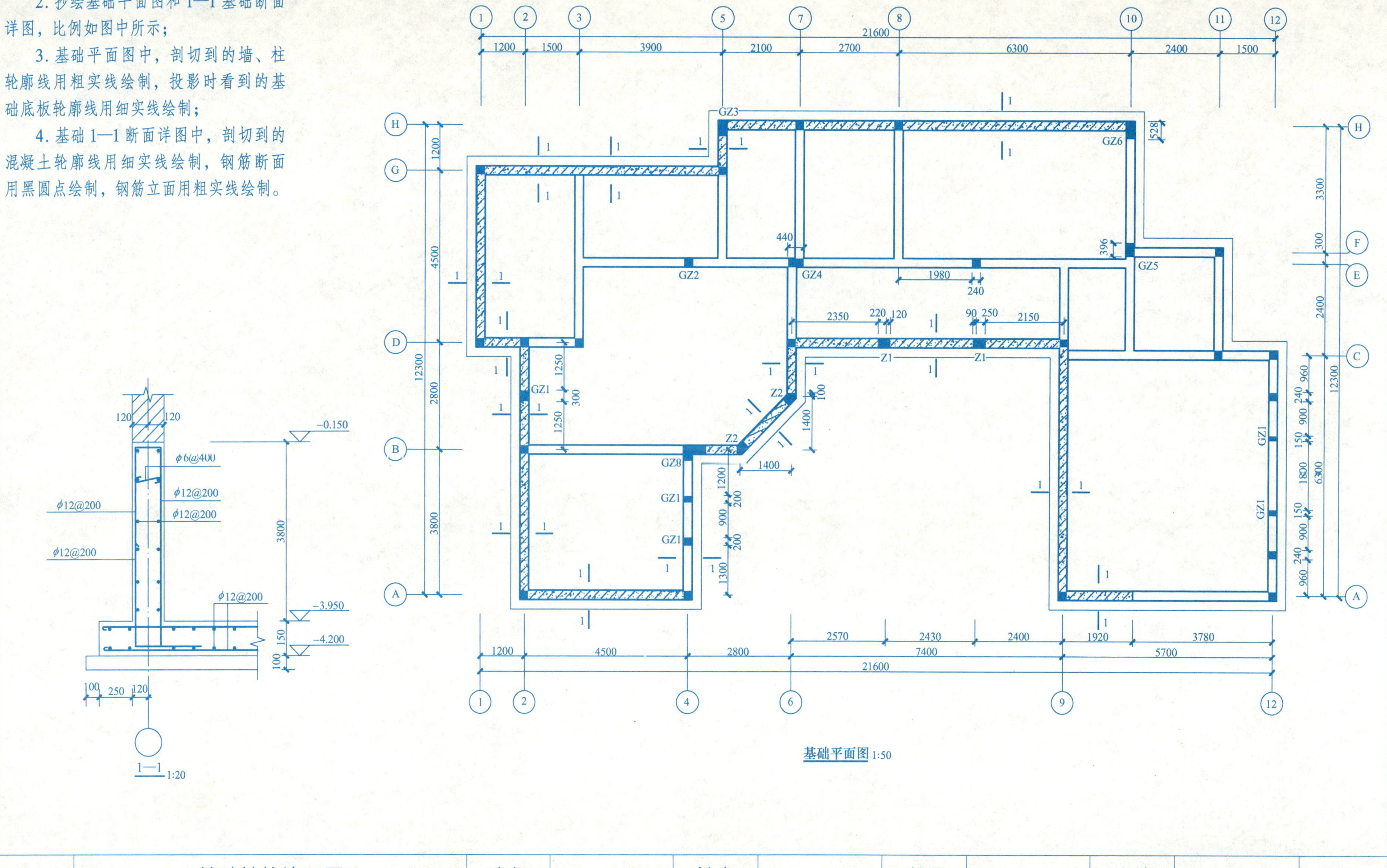

1—1 1:20

基础平面图 1:50

拟绘室内给水排水平面图、系统图

作业要求：

（1）先仔细阅读室内给水排水平面图、系统图；（2）在 A2 幅面的图纸上用 1:100 的比例抄绘一层给水排水平面图、标准层给水排水平面图、J/2 给水系统图、P/2 排水系统图。

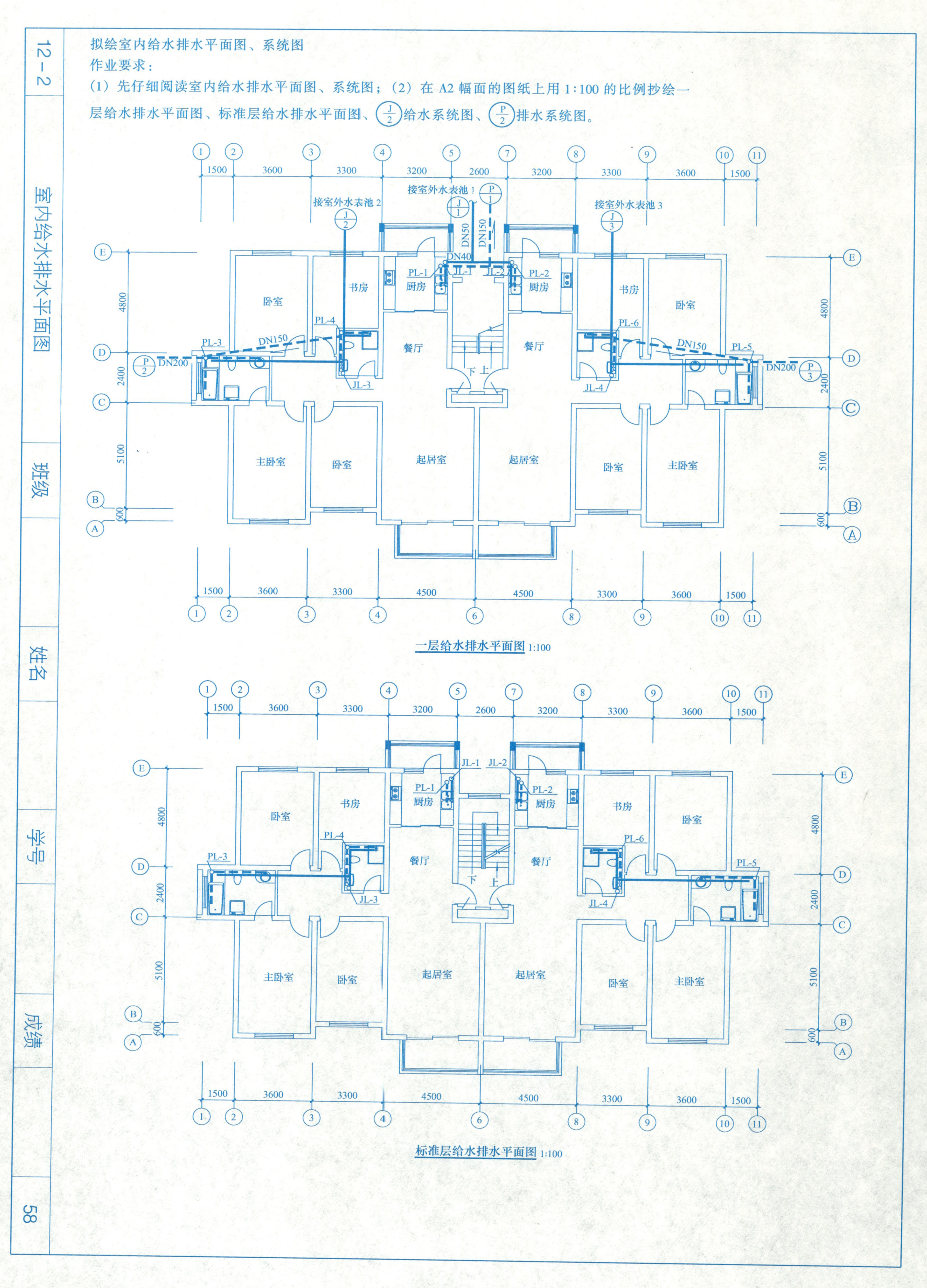

一层给水排水平面图 1:100

标准层给水排水平面图 1:100

12－2	室内给水排水平面图	班级		姓名		学号		成绩		58

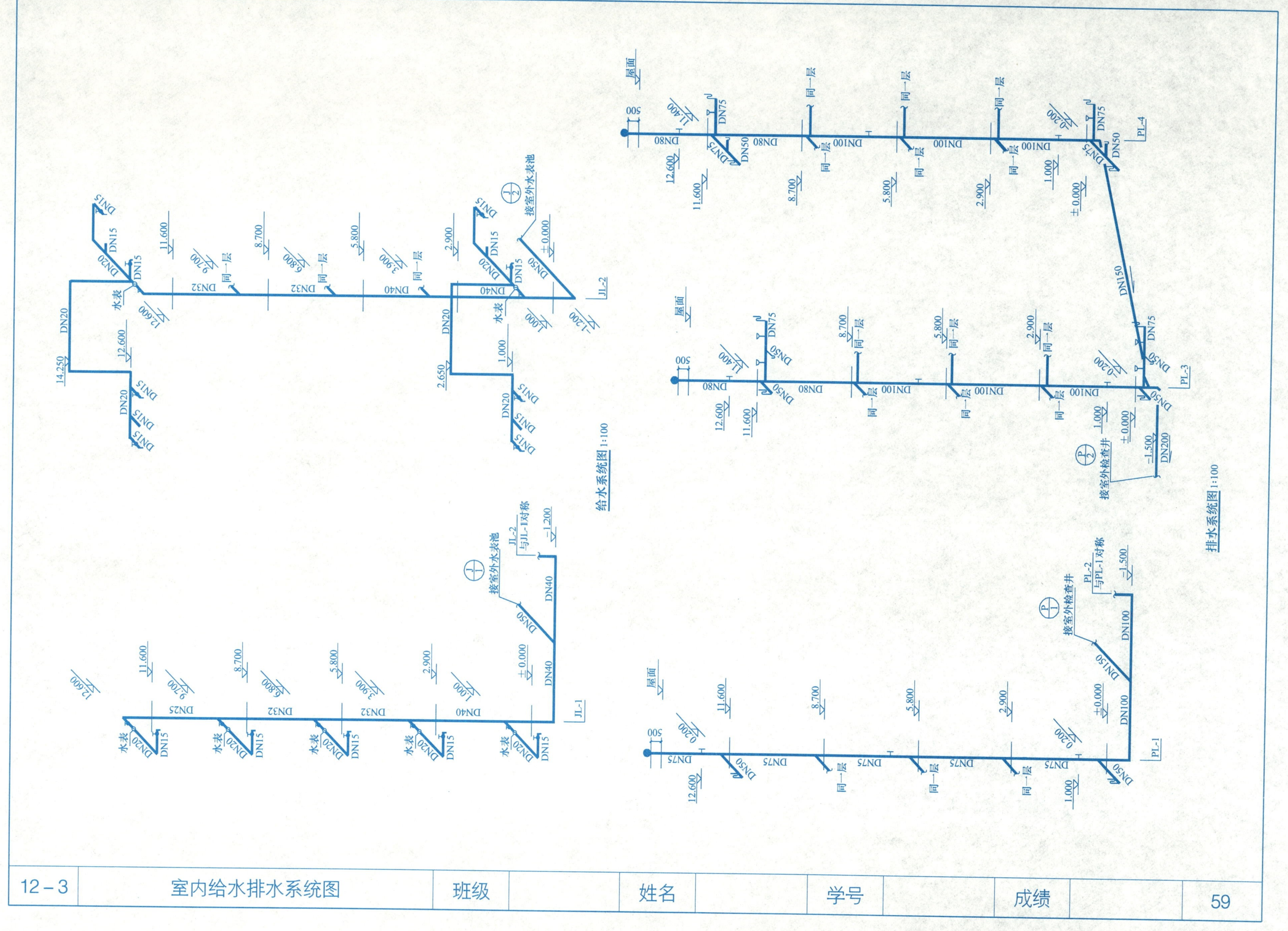

12－3	室内给水排水系统图	班级		姓名		学号		成绩		59

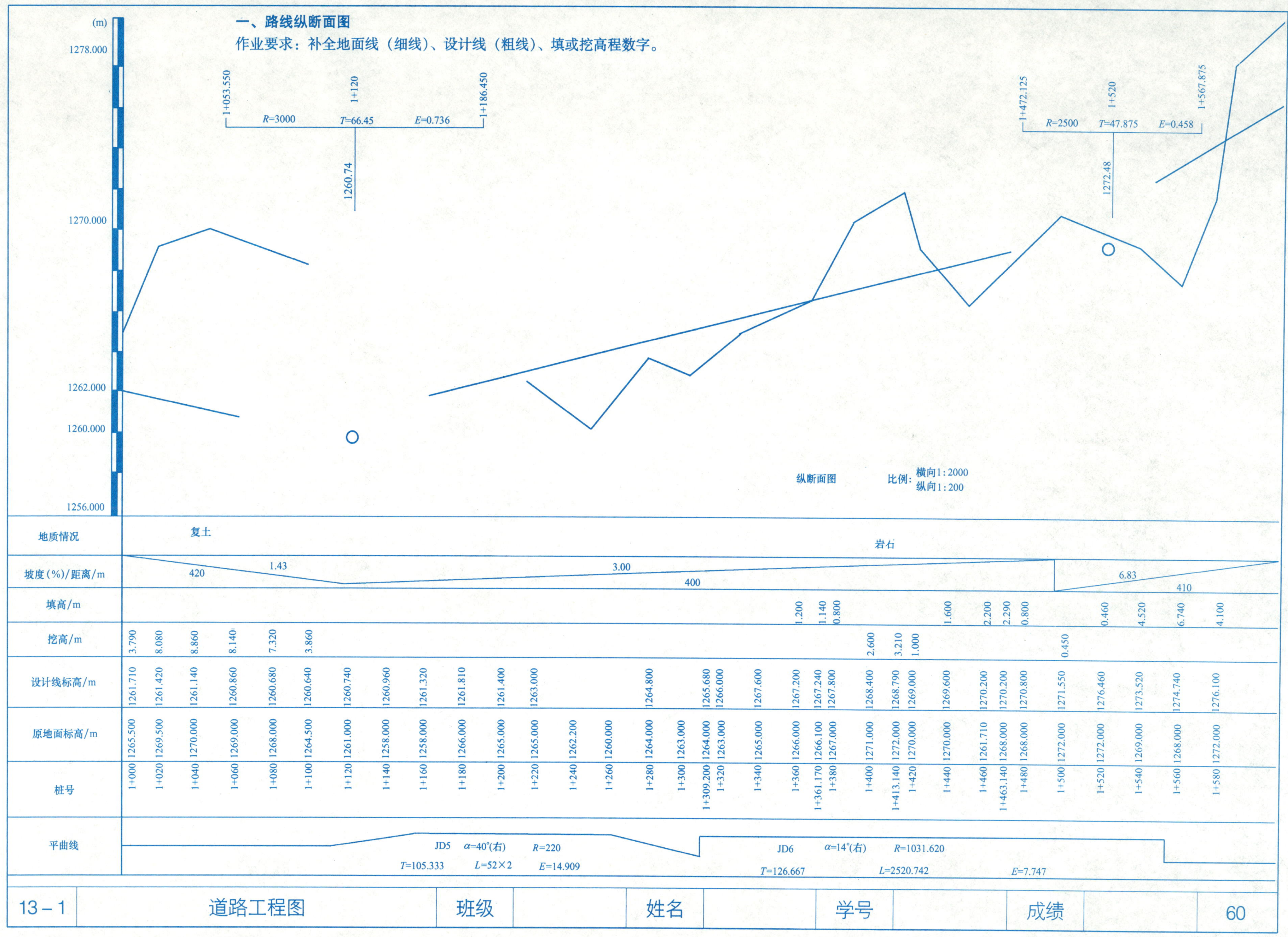

一、路线纵断面图
作业要求：补全地面线（细线）、设计线（粗线）、填或挖高程数字。
(m)
1278.000
1270.000
1262.000
1260.000
1256.000
1+053.550
1+120
1+186.450
R=3000
T=66.45
E=0.736
1260.74
1+472.125
1+520
1+567.875
R=2500
T=47.875
E=0.458
1272.48
纵断面图
比例：横向1:2000
纵向1:200
地质情况 复土 岩石
坡度(%)/距离/m 420 1.43 3.00 400 6.83 410
填高/m 1.200 1.140 0.800 1.600 2.200 2.290 0.800 0.460 4.520 6.740 4.100
挖高/m 3.790 8.080 8.860 8.140 7.320 3.860 2.600 3.210 1.000 0.450
设计线标高/m 1261.710 1261.420 1261.140 1260.860 1260.680 1260.640 1260.740 1260.960 1261.320 1261.810 1261.400 1263.000 1264.800 1265.680 1266.000 1267.600 1267.200 1267.240 1267.800 1268.400 1268.790 1269.000 1269.600 1270.200 1270.200 1270.800 1271.550 1276.460 1273.520 1274.740 1276.100
原地面标高/m 1265.500 1269.500 1270.000 1269.000 1268.000 1264.500 1261.000 1258.000 1258.000 1266.000 1265.000 1265.000 1262.200 1260.000 1264.000 1263.000 1264.000 1263.000 1265.000 1266.000 1266.100 1267.000 1271.000 1272.000 1270.000 1270.000 1261.710 1268.000 1268.000 1272.000 1272.000 1269.000 1268.000 1272.000
桩号 1+000 1+020 1+040 1+060 1+080 1+100 1+120 1+140 1+160 1+180 1+200 1+220 1+240 1+260 1+280 1+300 1+309.200 1+320 1+340 1+360 1+361.170 1+380 1+400 1+413.140 1+420 1+440 1+460 1+463.140 1+480 1+500 1+520 1+540 1+560 1+580
平曲线 JD5 α=40°(右) R=220 T=105.333 L=52×2 E=14.909 JD6 α=14°(右) R=1031.620 T=126.667 L=2520.742 E=7.747
13－1
道路工程图
班级
姓名
学号
成绩
60

二、路线平面图

用 A3 图幅（描图纸）描绘××桥桥位平面图。

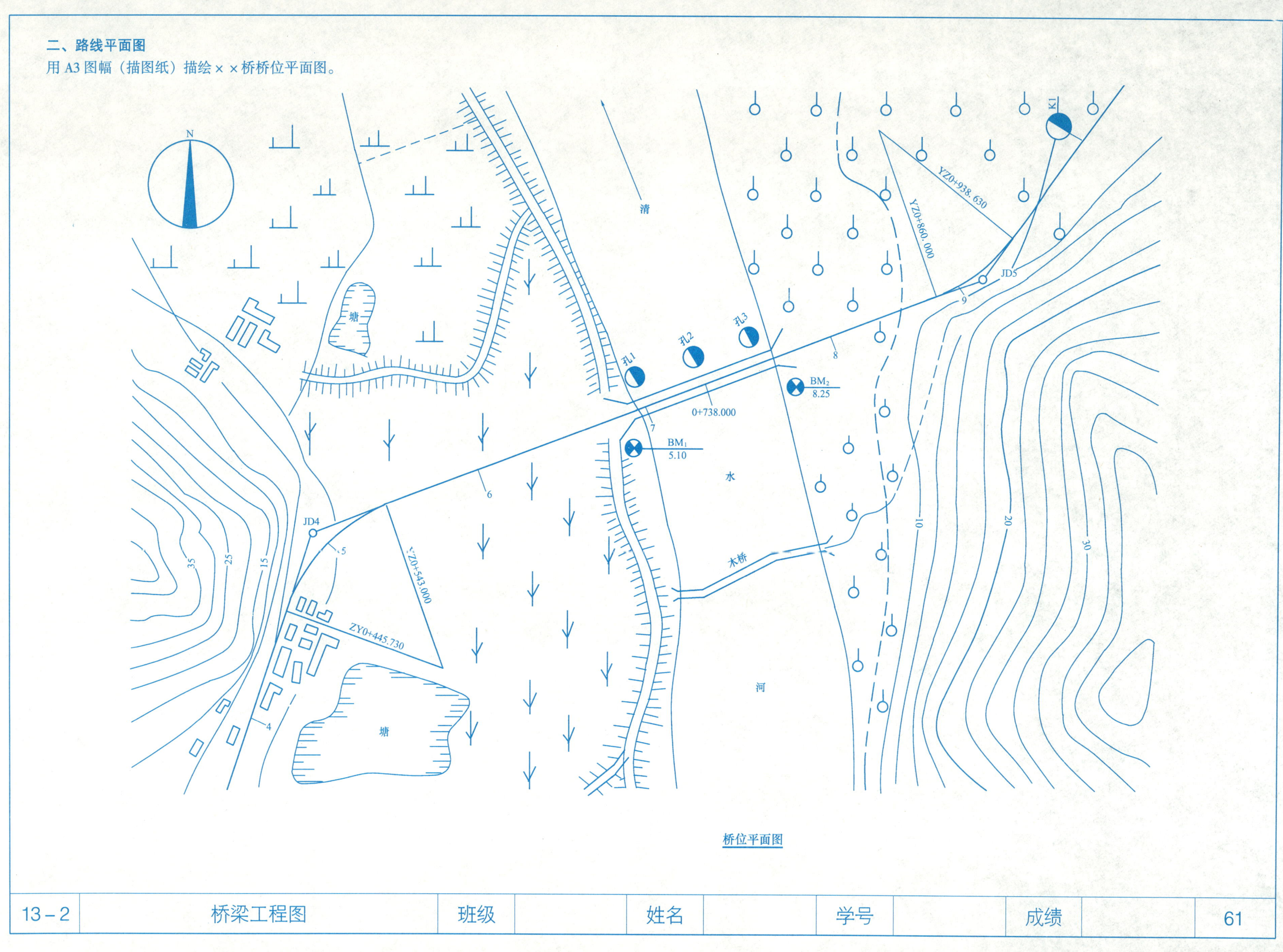

桥位平面图

1. 下列四个图中，画法正确的是（　　）。

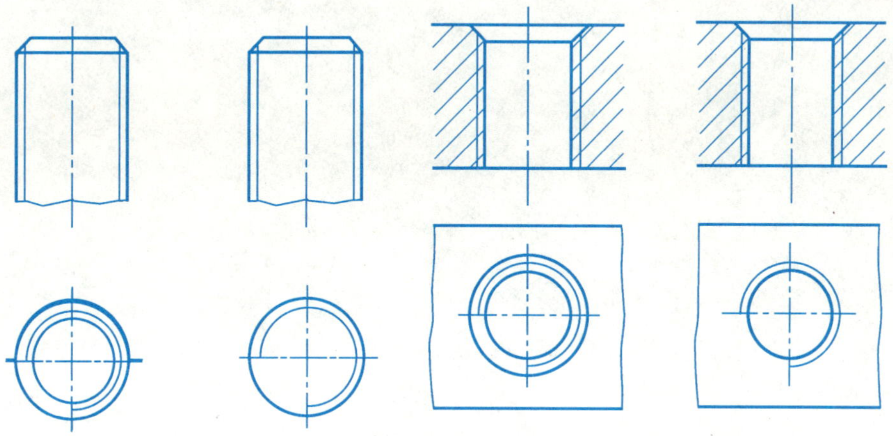

(a)　(b)　(c)　(d)

（1）（a）、（b）正确　（2）（b）、（d）正确
（3）（a）、（c）正确　（4）只有（d）正确

2. 下列正确的螺纹画法是（　　）。

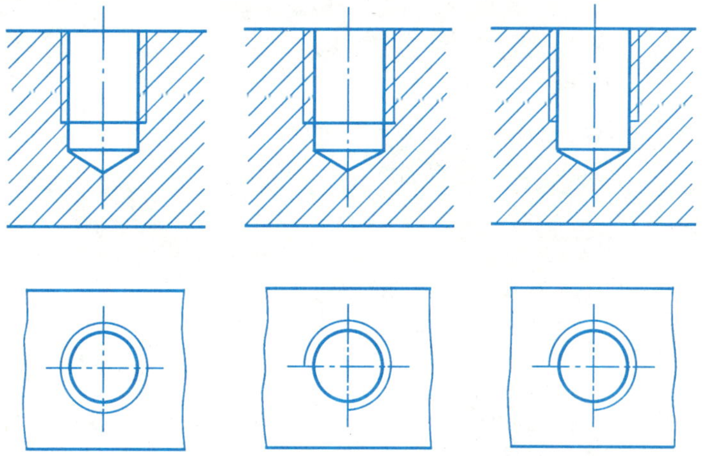

(a)　(b)　(c)

（1）（a）、（b）正确　（2）（b）正确
（3）（a）正确　（4）（c）正确

3. 用比例画法画出螺栓连接图的 W 面投影。

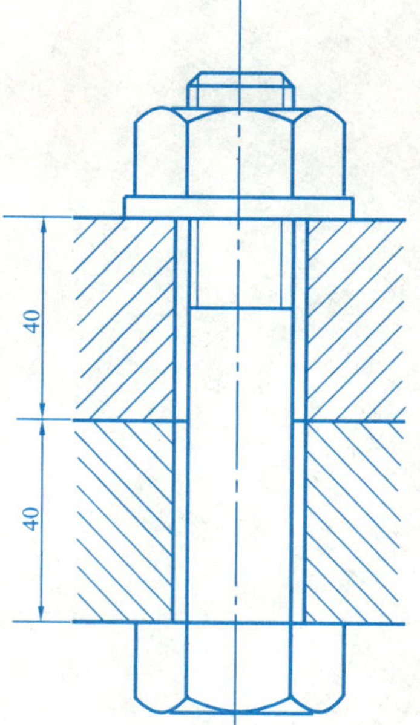

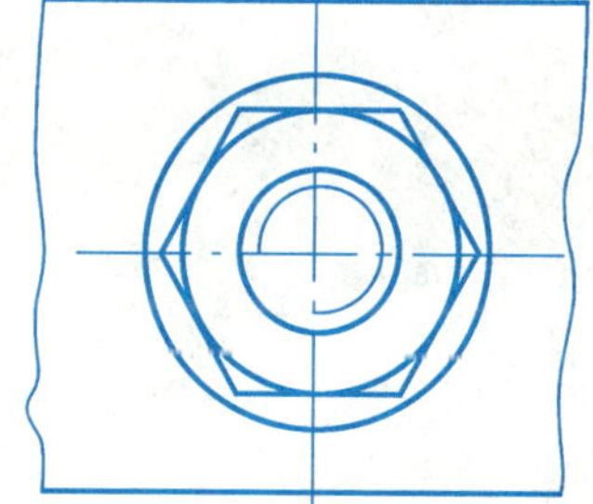